平凡社新書
966

東電原発事故
10年で明らかになったこと

添田孝史
SOEDA TAKASHI

HEIBONSHA

はじめに

「勝訴」
「再び国を断罪」
「被害救済前進」

原告の人たちが手に掲げた垂れ幕に、報道カメラマンが駆け寄った。勝ったとわかり、ようやくほっとした。2020年9月30日午後2時すぎ、仙台市の仙台高等裁判所前でのことだ。東京電力福島第一原子力発電所の事故を国は防ぐことができたとして、その責任を認めた初の高裁判決だった。

訴えていたのは「『生業《なりわい》を返せ、地域を返せ!』福島原発訴訟」(生業訴訟)の原告約3700人。同じような集団訴訟が全国で約30あるうち最大のものだ。

原発にかかわる裁判は今回の事故前から取材していたが、この事故ほど深く追った経験はない。津波対策について、誰がいつ、どんな意思決定をして、事故につながったのか。

東電社内の非公開の会合議事録や電子メール、報告書など証拠文書はほとんど目を通した。関係者にも話を聞いた。私が見つけ出して公表した文書が、裁判に採用されたこともある。

10年近く調べた結果、国や東電が対策を先送りして事故を招いたのは明らかだと私は考えていたが、判決前は心配になる。地裁では、説得力のない、筋の通らない理由で国や東電に事故は防げなかった、とする判決も相次いでいたからだ。地震学でわかることの限界や、原発の規制の仕組み、長年続いている東電と学界との癒着を、裁判官が理解できていないことが原因のように見えた。複雑で正直さに欠ける原子力業界の動き方をつかみ、科学や工学の言葉にも惑わされず事故の責任を明らかにするのは、忙しい裁判官にはなかなか難しいのかもしれない。

ただし、仙台高裁の判決前に原告や弁護団に見通しを尋ねると「やりきった」と自信を見せていた。そして、それに呼応するかのように、仙台高裁の判決は国と東電の責任を明快に認め、事故に至る経緯をわかりやすく読み解いていた。

事故に至った理由は単純だ。国や東電は「原発は絶対に事故を起こさない」と主張して、地元に建設・運転を受け入れてもらってきた。本当の「絶対安全」は難しいが、それに近づけようとするならば、地震や津波に対して通常の構造物より大きな余裕を上乗せして備え、最新の地震研究の成果を迅速に取り入れて備えを見直し、それらの情報は公開して透明性のある手続きで安全性を高いレベルに保ち続ける必要がある。しかし国や東電は「大きな余裕」「迅速な見直し」「透明性のある手続き」、すべてを怠っていたのだ。

２００2年に国が津波計算を要請していたのに、東電は嘘の理由を挙げて40分も抵抗し拒否した。２００7年、福島第一は国内で最も津波に余裕のない脆弱な原発だとわかっていた。２００8年に東電の技術者は津波対策が必要という見解で一致していたのに、経営者が先送りを決めた。東電が着手しなかった津波への対策を、日本原子力発電（東海第二原発）の経営者はすぐに始めた。同じ年、東北電力がまとめた女川原発の最新津波想定を、東電は自社に都合が悪いからと圧力をかけて書き換えさせた。

それらのことが法廷で明らかになったのは２０１8年以降だった。国や東電、他の電力会社は口裏を合わせたかのように事故後もずっと不都合な事実を隠し続け、闇に葬られる寸前だった。２０１2年に公開された政府、国会、東電の報告書では、事故の原因についてぼやけた状態だった。その後、裁判で続々と新しい事実がわかり、その解像度はぐんと上がっている。ただし断片的な報道が多かった。本書の目的は事故から10年の時点で明らかになった全体像を示すことだ。

これは事故というより、東電という一企業が放射性物質をばらまいた公害「事件」なのだろう。放射性物質を少しでも回収するための、汚染土の回収と中間貯蔵施設の費用だけで、これまでに約5兆円かかった。その費用に加え、事故を起こした原子炉の後始末、賠償などで計21・5兆円かかると国は予測している。東日本大震災（原発事故関連除く）の被害額約17兆円、阪神・淡路大震災の約10兆円と比べると、いかに大きいかわかる。最終処分の経費などで被害額はまだ増えると見られている。そして最大時16万人以上の人が避難し、今も多くの人が元の生活に戻れない。

事件の被害者や現場の状況、事件後の国や東電の対応ぶりを伝える報道は比較的多いが、この史上最大規模の公害事件が起きる「前」に、国や東電が何をしてきたか、あるいは何をしなかったのか、事件の背景や原因に迫ったものは少ない。本書の眼目はそこをカバーすることにある。

第1章では、原発事故と地震が複合して被害を拡大させる「原発震災」を国や東電が軽視してきた結果、事故に適切に対応しきれず、住民の被害を拡大させた様子を伝える。第2章で、事故前の東電や国の動きを年次ごとに詳述する。その責任を司法がどう判断しているかを第3章で報告する。第4章は、事故から10年で国内外の原発がどう変わったか、これからどうなるのかを考察する。

なお、肩書きは当時のものである。敬称は省略している。引用文中の〔 〕は筆者による補足である。

東電原発事故　10年で明らかになったこと●目次

第2章　事故はなぜ防げなかったのか

第1章　福島第一原発で何が起きたのか

4号機爆発までの4日間

50メートルずれたプレート境界

深海の底から、さらに数千メートルの穴を掘って岩石の試料を取ってくる。地球深部探査船「ちきゅう」は、そんなとびきり難しい調査ができる世界最先端の科学掘削《くっさく》船だ。全長210メートルの船上には高さ130メートル（30階のビル相当）のやぐらがそびえ立ち、大きな建設現場がそのまま船に載っているような外観をしている。

東北地方太平洋沖地震の発生から1年1か月後の2012年4月、「ちきゅう」は宮城県牡鹿《おしか》半島の東約200キロの水深約7000メートルの海底から、850メートル地中を掘って、大津波を引き起こした断層の一部を取り出すことに成功した。断層のずれによる摩擦《まさつ》熱が、まだわずかに残っていた。断層の岩石は、過去に何度も地震で力を受け、魚の鱗《うろこ》を無数に積み重ねたように変形していた。その岩石を分析すると、スメクタイトと呼ばれる粘土が78%を占めていた。スメクタイトは化粧品のファンデーションにも使われ、保湿性がありすべりやすい性質を持っている。

これまでにわかったことから、研究者は大津波が生じた理由をこう考えている。まず地下深くで断層が割れ始めた。それによる揺れは、今回掘り出した比較的浅い部分にも伝わってくる。伝わった揺れで、魚の鱗を積み重ねたような部分はこすれあい、瞬間的に大きな摩擦熱が生じた。その熱は岩石に含まれる水分を膨張させ、鱗の部分を浮き上がらせる働きをした。すると断層はとてもすべりやすくなる。さらに、すべりやすいスメクタイトの性質も加わり、その結果、海底は水平に約50メートル、垂直に約7～10メートルもずれ動いた。

東北地方太平洋沖地震は、最深部が8000メートルにもなる日本海溝で起きた。東北地方が載っている北米プレートの下に、太平洋プレートが東南東の方向から年間約8センチの速さで近づき、日本海溝でもぐりこんでいる。そのひずみがたまって、数百年に一度、超巨大地震を起こしてきた。2011年の地震は、最近3000年で5回目だった。

2011年3月11日午後2時46分、宮城県牡鹿半島の東南東約130キロ、深さ24キロのプレート境界が割れて、ずれ動き始めた。地震で割れた断層は長さ約450キロ、幅約200キロに及んだ。

石巻市の観測点で最初にその揺れを検知してから8・6秒後、気象庁は青森県を除く東北地方に緊急地震速報を発表した。その直後、各地を強い揺れが襲った。宮城県栗原市で震度7を観測したほか、東北地方から関東地方にかけての広い範囲で震度6弱以上、北海道から中部地方にかけて震度4以上の揺れになった。国内観測史上、最大規模の地震だった。

福島第一原子力発電所で最初に揺れを検知したのは、1号機に設置された地震計だった。午後2時46分46秒、1号機は自動で運転停止の操作を始めた。中性子を吸収して核分裂反応を止める長さ4・4メートルの制御棒は、水圧で5秒以内に原子炉に押し込まれる。全部で97本の制御棒は、設計通り挿入され、午後2時47分には「全制御棒全挿入」の状態になったと中央制御室に表示された。すぐに2号機、3号機もあとに続き、1号機から3号機の運転は止まった。4号機から6号機までの3基は、定期点検のため地震前から停止していた。原発の安全対策の「止める」「冷やす」「閉じ込める」の第一段階は達成された。

次は「冷やす」だ。

原子炉は緊急停止した後も、数分で水1トンを蒸発させるほどの熱を発生し続けている。冷やしたり止めたりするのに、一般家庭1万世帯分ぐらいの電力がいる。原発を運転しているときは、冷却に使うポンプなどの電力は、原発それ自体で発電したものを使っている。しかし原子炉を止めたときは、発電機も動いていないので、送電線を通して別の発電所から電気をもらってこなければならない。

福島第一は、約9キロ南西にある新福島変電所を経由する系統など、計7系統から電力をもらっていた。しかし、揺れの直後、それらは全滅した。揺れで送電鉄塔が倒れたり、受電設備が壊れたり、電線が鉄塔と接触して保護装置が作動したりしたためだ。このため原子炉の冷却は、原発のタービン建屋《たてや》地下にある非常用ディーゼル発電機に頼ることになった。地震後、すぐに非常用ディーゼル発電機計12基（計約９万キロワット）が稼働した。必要な電力の約２倍は確保できていた。

しかし、安全対策が設計通りに動いたのは、ここまでだった。

津波の襲来

海底で断層が動いて持ち上げられた海水の量は、だいたい１０００立方キロメートル（約１兆トン）もあった。ざっとその半分、５００立方キロメートルの海水が、東北地方の沿岸に向かった。

地震発生から数十分後、その海水は津波となって沿岸を一気に破壊し始める。遡上《そじょう》高が10メートルを超えた海岸線は、青森県南部から茨城県までの南北約４２５キロに及んだ。仙台平野などでは、海岸線から約５キロ内陸まで浸水した。地震による死者は１万９７２９人、行方不明２５５９人で、地震で直接亡くなった人の死因の約９割は溺死《できし》だった。

福島県でも、ＪＲ常磐線や国道６号より西側まで、海岸線より約３キロ以上も内陸に津波が遡上したところがあった。

福島第一にも、午後3時35分ごろ、最大の津波が襲来した。津波の高さは約13メートルもあり、主要建屋（敷地高さ10メートル）のほぼ全域が浸水した。建屋周囲は地面から高さ5・5メートルまで津波の水位が到達した。建屋の出入り口、非常用ディーゼル発電機の給気用空気の取り入れ口などから、建屋内部に大量の海水が流れ込んだ。

全電源喪失

地下にあった非常用ディーゼル発電機や電源盤は水没し、午後3時37分、すべての交流電源が止まった。モーターを使って原子炉に注水したり、冷却したりする設備が使えなくなった。電動の弁を中央制御室から開閉することもできなくなった。

非常用ディーゼル発電機を失った際の最後の代替となるバッテリーも水没。中央制御室で計測機器は原子炉の圧力、水位、温度などの値を示さなくなり、炉内の様子がわからなくなった。中央制御室や建屋内部は照明が消えて真っ暗になり、通信手段も多くが使えない。地震から約2時間後の午後4時36分、東電は原子炉を冷やせなくなったと判断した。

福島第一が全電源を失ったころ、約110キロ北にある東北電力女川《おながわ》原発も、福島第一とほぼ同じ高さの津波に襲われた。しかし、敷地の高さは女川の方が福島第一より高く、建屋への浸水はぎりぎりまぬがれた。また、外部からの送電も生き残っていた。約10キロ南の福島第二原発では、津波の高さは約9メートルで、外部電源は4系統中1つが生き残った。非常用ディーゼル発電機も、12台中3台が動き続けた。福島第一から南へ約110キロの東海第二原発は、外部電源を2系統とも失った。しかし非常用ディーゼル発電機3台のうち2台が生き残った。電源を完全に失い、原発の制御や冷却ができなくなったのは、福島第一だけだった。

爆発の瞬間

全電源を失うということは、目隠しされ、両手をしばられた状態で、原子炉のコントロールをしなければならないのと同じだ。現場の作業員らは、爆発の危険が迫り放射線量も高まる中で奮闘したが、できることは限られていた。

津波の翌日3月12日午後3時36分、まず1号機が爆発する。水で冷やせなくなった燃料棒から発生した大量の水素が原因だった。

「視界がもうもうと蜃気楼《しんきろう》のようになって、青白い炎が見えた。すさまじい爆風が襲いかかってきて、がれきが宙に浮かんで、鉄筋が消防車のガラスを突き破り、前腕に直撃。疼痛《とうつう》を感じた」（消防隊所属の東電関係者の検察への供述）

双葉《ふたば》町長の井戸川克隆《いどがわかつたか》は、1号機から直線で約3キロの位置にある双葉厚生病院の近くにいた。「ボーン」という爆発音を聞いた数分後、空から破片が舞い降りてきた。ぼたん雪の大きいものが無数に降ってくる感じで、よく見るとグラスウールの断熱材だった。

続いて3月14日午前11時1分、3号機も水素爆発を起こす。

「コンクリートのがれきが、煙のように多数流れ込んできた。周囲を見ることも出来なくなった。タンクローリーの陰に隠れたが、タイヤの間から、がれきが飛んできた。破片は長い時間降り続けた。タンクローリーの爆発も怖かった。このまま死にたくないと思っていた。一刻も早く逃げないと被曝《ひばく》してしまうと、歩いて免震重要棟に向かった。よく誰も死ななかったと思います」（東電関係者による検察への供述）

1号、3号の爆発に続き、2号機も炉心が溶け落ち、4号機は建屋が爆発した（15日午前6時14分）。そして原子炉に閉じ込められていた放射性物質は空中に撒き散らされ、広がり始めた。

混乱した避難と情報隠し

連絡来なかった地元市町村

住民の多くは、避難指示が出るまで原発の事故を知らなかった。避難指示の範囲は刻々と拡大されたものの、原発周辺の自治体に、国や東電は情報を十分伝えていなかった。当時、約２万１０００人が住んでいた浪江町《なみえまち》の住民生活課長らは、政府の事故調査委員会（事故調）に以下のように述べている（事故調は、政府が設置したもの、国会が設置したもの、東電自身によるもの、民間によるものの計４つある）。

原発の情報については、本来、周辺自治体には10条通報〔全交流電源喪失　11日午後3時42分〕や15条通報〔非常用炉心冷却装置注水不能　11日午後4時36分〕は送信されることになっているが、届いていない。後に町長が質問状を送ったところ、東電は「ファクスの送信は試みたが、受信完了の記録は残っていない」と回答している。

緊急事態宣言〔3月11日午後7時3分〕については、国や県からは連絡がなく、報道で知った。地震後からファクスがほぼ不通。電話は回線の混雑か何かでつながりにくくなっていた。携帯電話も、基地局の故障のためほぼ使えなくなっていた。

東電、県、オフサイトセンター〔緊急事態応急対策拠点施設〕、周辺市町村をつなぐ専用回線があったが、これも使えなかった。理由はわからない。

3月12日5時44分の半径10キロ圏内の避難指示は国や県から連絡を受けた記憶はなく、テレビで知った。国や県からバスが調整されることはなかったため、民間バスや町のマイクロバスをかき集め、避難所に避難していた者のうち、マイカーによる自力の避難ができない者を移動させ、それ以外の者は、なるべくマイカーで避難してもらっている。

3月12日18時25分の半径20キロの避難指示。国や県から連絡はなく、報道で知った。3月15日11時、半径20キロから30キロの屋内退避指示。国や県からその旨の連絡はなかったと思う。

今回の災害では、原子力災害と地震による停電・電話回線の混雑が同時に起こることは想定外であり、情報が取れないだけでなく、こちらから連絡をつけることもできない状態であった。

政府から避難指示が出されたため、津波で傷ついて助けを待っていた人の救出ができなかった場所もある。浪江町の海沿いでは、11日夜の時点で、がれきの中から助けを求める声や、物をたたいて居場所を知らせようとする音がしており、12日早朝から地元消防が捜索に向かう予定だった。ところが同日朝の捜索開始前に半径10キロ圏内に避難指示が出され、捜索は中止された。捜索が再開されたのは1か月以上あとになってからだった。

「地震と津波だけなら助かった」寝たきり患者

寝たきりの災害弱者も、命がけの過酷な避難を強いられた。

東電元幹部らを業務上過失致死傷罪で訴えた刑事裁判の公判（2018年9月）で、その実態は明らかにされた。証言したのは、福島第一から4・5キロの場所にある大熊町《おおくままち》の双葉病院で副看護部長を務めていた鴨川一恵。同病院で1988年から働いていたベテランだ。検察官役の指定弁護士からの「〔避難の途上で亡くなった患者は〕地震と津波だけなら助かったか」という質問に「そうですね、病院が壊れて大変な状況でも、助けられた」と答えた。

事故当時、双葉病院には338人が入院、近くにある系列の介護老人保健施設「ドーヴィル双葉」に98人が入所していた。鴨川は、3月12日に、比較的症状の軽い209人とバスで避難、受け入れ先のいわき市の病院で寝る間もなく看護にあたっていた。

3月14日夜、後から避難した患者ら約130人が乗っていたバスを、鴨川はいわき市の高校体育館で迎えた。このバスは、病院を出発したものの受け入れ先が見つからず、南相《みなみそう》馬市、福島市などを経由して、いわき市で患者を下ろすまで11時間以上、走り続けた。乗《ま》せられていたのは、継続的な点滴やたんの吸引が必要な寝たきり患者が多く、せいぜい1時間程度の移送にしか耐えられないと医師が診断していた人たちだ。本当は、救急車などで寝かせたまま運ぶ必要があるのに、バスにぎゅうぎゅう詰めで運ばれていた。

鴨川は、「バスの扉を開けた瞬間に異臭がして衝撃を受けた。座ったまま亡くなっている人もいた」と証言した。バスの中で3人が亡くなっていた。「今、息を引き取ったという顔ではなかった」。体育館に運ばれたあとも、空調も医療機器もほとんどない床に寝かされたままで、さらに11人が亡くなった。

事故当時、双葉病院に勤務していた医師の証言もあった。指定弁護士が「事故による避難がなければ、すぐに命を落とす状態ではなかったんですね」と尋ねると、医師は「はい」と答えた。

医師は、長時間の移動が死を引き起こす原因を、こう説明した。

「自力で痰《たん》を出せない人は、長時間の移動で水分の補給が十分でない中で、痰の粘着度が増してくるので、痰の吸引のようなケアを受けられないと呼吸不全を引き起こす。寝たきりの人は病院では2時間ごとに体位交換をする。そんなケアができないと静脈血栓ができて、肺梗塞を起こして致命的な状況になる」

患者の搬送作業をしていた自衛隊員は「放射線量計の警告音が鳴る間隔がどんどん短くなり、放射線の塊が近づいてくるような感覚だった」「医師免許を持った自衛官が『もう限界だ』と叫び、すぐに病院を出発するように指示をした」と検察に供述していた。県職員らが「このままでは死んじゃう」と県内の医療機関に電話をかけ続けても受け入れ先が確保できず、バスが県庁前で立ち往生した状況も、法廷で明らかにされた。

16万人が避難、震災関連死2300人

福島県で避難した人は16万人以上にもなった。正確な情報が伝わらない中、ほんの数日間の避難で戻れると思い、着の身着のままで避難した人も多かった。ところがそのまま年単位の長期間の避難になり、多くの人が生活の急変を強いられた。

避難場所を何回も変えざるを得なかった人も多い。福島第一に近い双葉町、大熊町、富《とみ》岡町《おかまち》、楢葉《ならは》町《まち》、広野《ひろの》町《まち》、浪江町では、６回以上の避難を強いられた住民が20％以上いた。政府が避難を指示した区域が、原発から３キロ、10キロ、20キロと段階的に拡大したため、いったん落ち着いた避難先から、また遠くへ避難することが繰り返し強いられたためだ。

東日本大震災で、津波や建物の下敷きなど地震の直接的な被害による死者は宮城県の９５４３人がもっとも多かったが、震災関連死は福島県が２３１３人で最も多い（次ページ

東日本大震災の死者数

	地震の津波や、建物の下敷き、火災などの被害で亡くなった人（1）	震災関連死（2）
岩手	4675	469
宮城	9543	929
福島	1614	2313
そのほか	67	56

（1）警察庁「東北地方太平洋沖地震の警察活動と被害状況」（2020年12月10日）
（2）復興庁「東日本大震災における震災関連死の死者数」（2020年９月30日現在）

表）。震災関連死とは、地震からある程度の期間をおいて亡くなった人のうち、災害によるストレス、持病の悪化など何らかの因果関係があると市町村が認めたものだ。福島県の震災関連死の原因は、「避難所等への移動中の肉体・精神的疲労」の割合が大きく、「原発事故に伴う遠方への避難や複数回に及ぶ避難所移動等による影響が大きいと考えられる」と福島県は分析している。

大事故が起きたとき、周辺住民をきちんと避難させるのは、原子力防災の最後の、そして重要な手段だ。ところが原発の防災をつかさどるはずの原子力安全・保安院は、ずっと避難することを軽視してきた。それが多くの震災関連死につながった。

２００６年５月24日に、原発の安全をダブルチェックする役目をする原子力安全委員会委員と、保安院幹部の間で行われた昼食会で、国際水準と比べて見劣りする事故時の避難対策の見直しを進めようとした安全委員に対して、広瀬研吉保安院長は「寝た子を起こすな」と反対意見を述べ、見送られたことが明らかになっている。

役に立たなかったオフサイトセンター

避難が混乱した原因の一つは、避難の司令塔となるはずのオフサイトセンターが役に立たなかったことにある。オフサイトセンターとは、原発の敷地の外（オフサイト）で、事故対応の拠点となる施設のことだ。

オフサイトセンターは、茨城県東海村にあるJCOのウラン加工工場で1999年に起きた事故をきっかけに設置された。この事故では、強い放射線に被曝した作業員2人が亡くなり、施設から10キロ圏内の住民は屋内退避を勧告された。日本の原子力防災史上、住民が被曝したり、大勢が避難したりしなければならなくなった初めての事故だった。

JCO事故の際、国、東海村、事故を起こしたJCOの間で情報共有が不十分だったため、住民への広報や安全確保に時間がかかった。その反省から、関係者が一か所に集まって原子力災害現地対策本部を置くために作られたのがオフサイトセンターだ。オフサイトセンターは全国の原発、原子力施設の近く22か所に建設された。その一つ、福島県大熊町のオフサイトセンターは、総工費6億6000万円で、2002年に運用を開始している。

ところが、原発から5キロと近いにもかかわらず、オフサイトセンター自体の被曝対策が考えられていなかった。福島第一3号機が爆発した3月14日に、双葉病院で患者の搬送にあたっていた自衛官が検察に述べた調書で様子がわかる。

「バスが一台も戻ってくる気配がないので、衛星電話を使わせてもらおうと、（双葉病院から約700メートル離れた）オフサイトセンターに向かいました。被曝するからと、オフサイトセンターに入れてもらうことが出来ませんでした」

オフサイトセンターに入れなかったため、自衛官は持っていたノートをちぎって「患者90人、職員6人取り残されている」と書き、センターの玄関ドアのガラスに貼り付けた。

オフサイトセンター付近の放射線量は、3号機爆発後には屋外で毎時800マイクロシーベルト、室内でも13マイクロシーベルト程度まで上昇し、翌15日の10時すぎには、屋外で毎時1870マイクロシーベルト（福島県の事故前の平常値約0・04マイクロシーベルトの約4万6750倍）、屋内で毎時15マイクロシーベルト程度まで上昇していた。少しでも放射性物質が建物に入るのを防ぐために、出入り口や窓がテープで目張りされていたのだ。被曝を減らす換気設備がないことは、2009年に総務省の行政評価・監察で指摘されていた弱点だった。しかし改善されていないままだった。

さらに、地震後には通信設備が使えなくなり、対策本部としての機能を失っていた。

オフサイトセンターには、一般の電話回線に加え、官邸や経済産業省緊急時対応センター（ERC）、福島県庁などとつなぐ専用回線、そして衛星電話6台（固定1台、可搬型3台、車載2台）があった。専用回線は、地震ですぐに不通になった。危機管理のための回線が一般回線より20時間も早く使えなくなった原因は、今も不明だ。一般の電話回線も、回線が混雑してつながりにくくなったうえ、基地局のバッテリー切れで12日昼以降、使えなくなった。衛星電話のうち、車載のものは建物の外にあるため、放射線量が高くて使えない。残った4台の衛星電話のうち、1台は不調、1台はテレビ会議とファクス用だったので、通話に使えるのは2台だけだった。それをオフサイトセンターに集まった100人を超える自治体や中央省庁の職員らが取り合い、一つの連絡に3、4時間かかることもあった。

オフサイトセンターでは水や食料、燃料も不足し、機能麻痺に陥ったセンターは、地震の4日後の15日に福島県庁に移転した。

伝えられなかったSPEEDIの予測

原発災害時の住民の避難に役立てるため、政府は1985年以降、SPEEDI（緊急時迅速放射能影響予測ネットワークシステム）やERSS（緊急時対策支援システム）を整備してきた。SPEEDIにはそれまでに約120億円の国費が投じられていた。しかし、それらも十分に機能を発揮しなかった。

ERSSは、原子炉の圧力や水位、冷却状態、放射線測定値などから、事故の進展を予測し、放射性物質の放出量を予測するシステムだ。一方、ＳＰＥＥＤＩは、ＥＲＳＳから得た放出量予測に、気象や地形のデータを加味して、放射性物質の拡散や住民の被曝の程度を予測する。

しかし、地震で福島第一の外部電源が喪失し、原子炉の情報をＥＲＳＳに送るための装置が止まった。また前述したように、データを送るための政府の専用回線も不通になり、原子炉の状態を把握できなくなった。電源のバックアップや、データ回線の予備は準備されていなかった。このため、ＳＰＥＥＤＩも、本来期待されていた精度の予測ができなかった。それでも、どの方向に放射性物質が流れているか、どの地域の濃度が高いか、おおまかに把握できるデータはあった。

政府事故調の報告書は「避難の方向等を判断するためには有用なものであったが、これを受け取った各機関のいずれも、具体的な避難措置の検討には活用せず、また、それを公表するという発想もなかった」と書いている。

一方、国会事故調は「ＳＰＥＥＤＩの予測計算の結果も、その正確性は高いとは言いがたく、特に、ＥＲＳＳによる放出源情報が得られない場合には、それのみをもって、初動における避難区域の設定の根拠とすることができるほどの正確性を持つものではない」と、避難への有用性には疑問を呈している。ただし車や航空機を使った実測値と組み合わせることで、住民防護に役立てる方法はあったとも指摘している。

ＳＰＥＥＤＩの計算結果は、３月12日以降、福島県災害対策本部にも電子メールで送られていたが、県の担当者は活用する意識が低く、取り扱いについて明確なルールがなかったことなどから、使わないまま86通のメールのうち65通は削除していた。その事実を明らかにしたのは、事故の翌年４月になってからだった。

南相馬市や浪江町などの住民が３月15日に避難した北西の方角は、ちょうど放射性物質が濃かった方向と重なったと見られている。ＳＰＥＥＤＩを有効に使えば、避けられた可能性があった。

「メルトダウン」隠し

東電や政府が情報の公開を遅らせ、隠蔽したことも避難を混乱させた原因だった。

３月14日午後８時40分ごろから東電本店で記者会見に臨んでいた武藤栄《さかえ》副社長は、「炉心溶融」などの言葉が書かれたメモを広報担当社員から渡された。そして「官邸からこれとこの言葉は絶対に使うな」という耳打ちをされた。広報担当社員は、清水正孝社長から直接指示を受けていた。官邸から指示はなかったにもかかわらず、清水社長は独断で「官邸の指示により」と伝えさせていた。

そして東電は、「炉心溶融」という言葉を使わなかった理由について、「炉心溶融の定義がなかった」「社内で『炉心溶融』などの言葉を使わないようにする指示は確認できなかった」という説明を繰り返してきた。それが嘘だったとわかるのは、事故から5年もたってからだ。

政府も、事故の実態を正確には伝えていなかった。保安院は3月12日夜、事故の深刻さを「レベル4」（局地的な影響を伴う事故）と発表。これは、1999年のJCO事故と同じレベルだ。18日に「レベル5」（広範囲への影響を伴う事故）に引き上げた。最悪の「レベル7」（深刻な事故）と政府が認めたのは4月12日、爆発から1か月もたってからだった。

メディアも機能不全に

まずい事故対応には「エリートパニック」がかかわっていた。エリートパニックとは、「一般の人が災害時にパニックを起こすのではないか」と、災害情報を伝える側の人たちの方がパニックを起こすことだ。これが政府や東電の情報隠しや、メディアによる情報の遅れの要因となった。

3月12日に起きた1号機爆発の瞬間は、福島中央テレビ（FCT）の無人カメラだけが撮影していた。FCTは、カメラを福島第一から南西17キロの山中にある中継塔に設置していた。NHKや他の民放は、より原発に近い場所に最新のデジタルカメラを設置していたが、それらはすべて停電で撮影できなくなっていた。FCTの旧式アナログカメラは、内陸側から送電されていたため、唯一生き残った。
映像は、爆発4分後には地元で放映された。キー局の日本テレビにも届いていたが、全国に流されたのは、爆発から1時間13分後だった。
日テレは「すぐに映像は届いていた。だが、何が起こっているのか、その分析がない中で映像を流すと、パニックが起こるのではないかと危惧した。映像を専門家に見てもらい、解説を付けて放送した」と説明している。

3月12日午後3時すぎ、朝日新聞社は、原発から30キロ以内に近づかないことを、全社の方針とした。12日夜までに朝日新聞は、浜通り（福島県の海沿い地域）の取材拠点の南相馬市といわき市にいた記者を福島総局と郡山支局に移した。

十五日午前、朝日新聞東京本社五階にある報道・編成局長会議室に各局の幹部が集まり、原発事故への対応を話し合った。（中略）
政治部長の代理として（中略）出席した政治部デスク鮫島浩（四一）が発言した。

「政府は二十キロ圏内の住民に避難を指示しているのに、朝日新聞は記者に三十キロ圏内に入らないよう指示している。その理由を紙面で読者に説明すべきではないですか」

シーンとその場が静まりかえった。（中略）多くの住民がまだ避難しないで残っているのに、記者が先に退避することの是非を指摘する発言はなかった、と幹部らは口をそろえる。

（『原発とメディア2』）

通信回線の不足や、津波と原発事故の同時被災による人手不足で、自治体には避難指示さえ十分伝わっていない。被曝を恐れて、外からの応援部隊も入りにくい状況だった。福島県の浜通りにはまだ数十万人が残っているのに、報道機関さえ、いち早く引き揚げていた。そして「自分たちはすでに逃げている」という状況を伝えることもしなかった。

福島県の佐藤雄平知事は、15日、菅直人首相と電話協議し、「これまでの原子力事故で最大と認識しており、県民の不安や怒りは極限に達している」と伝えた。

広がった汚染

役に立たなかったモニタリングポスト

放射性物質の広がり具合を知り、住民の避難を適切に進めるために設置されていた観測装置がモニタリングポストだ。福島県は26か所に設置していたが、地震や津波で1台を除いて使えなくなった。地震による停電でデータが送れなくなったり、津波で機械が流されたりしたためだ。特に重要なモニタリングポストは、一般回線が使えなくなったときに備えて人工衛星経由でデータを送れるようになっていた。しかし、地震によるアンテナ不具合などのため、データは送られなかった。

福島県は、事故から3年後になって、モニタリングポストの機器内部に記録が残っていた当時の放射線量を公表している。福島第一から北西5・6キロの双葉町上羽鳥《かみはとり》では、1号機の爆発約1時間前にすでに毎時4613マイクロシーベルト（平常時の約11万倍）の値が記録されていた。約13分で、年間の被曝線量の限度を超えてしまう値だ。そんな危険な環境になっていたのに、リアルタイムではそれを知ることができなかった。

動かないモニタリングポストの代わりに、福島県は計測装置を積んだ自動車で放射線量を測ろうとしたが、地震で道路に陥没があったり、ガソリンが補給できなくなったり、線量が高くて有人で長時間測るのは危険だったり、思うようにデータは集められなかった。

実は、地震で原発周辺のモニタリングポストが使えなくなるのは、2007年の新潟県中越沖地震でも経験していたことだった。柏崎刈羽《かしわざきかりわ》原発では、震度7の地震で装置間をつなぐケーブルのコネクタが接触不良を起こし、28時間あまりデータを送ることができなくなった。総務省行政評価局は2008年2月に、「外部への情報送信上重要な設備など、災害応急対策上、重要な設備の地震対策については(中略)これらの施設・設備に係る耐震性を考慮した基準を整備する必要がある」と勧告していた。

しかし、何も改善はされていないままだった。地震と原発事故が同時に起きる「原発震災」を、長年、保安院が軽視してきたためだ。

新潟県は2010年11月の防災訓練を、地震(震度5弱)と原発事故がほぼ同時に起こる想定のもとで実施するつもりだった。しかし保安院の担当者は「震度5弱の地震によって原子力事故が発生するとの不安と誤解を生じさせてもおかしくないものであるように思われた」と首を縦にふらず、結局、訓練は大雪と原子力事故の同時発生に変更された。保安院は、ずっとそういう意識だったのだ。

米国が作った汚染地図

航空機ならば広範囲の汚染を素早く知ることができる。文部科学省は地震の翌日、ヘリコプターから放射線量を計測する予定だった。しかし文科省と防衛省との連絡ミスで、担当者はヘリに乗れず、計測できなかった。

「この段階でのデータがあれば、(中略)事故の進展に伴う汚染状況の解明・住民避難に有効に活用されたと考えられる」と日本原子力学会の報告書は書いている。

失敗した航空機計測は、米国によって実施された。3月15日、米エネルギー省の33人の専門家が、約8トンの機材とともに来日。17日から19日にかけて航空機による計測を実施した。福島第一から半径約60キロ程度の領域を調べ、原発から北西側に高濃度の汚染が広がっている様子が初めて明らかにされた。

この結果は22日(日本時間23日)に米国務省のウェブページで公開された。文科省で放射線モニタリングを担当していた加藤重治審議官は、この米国のデータを「ツイッターで発見した」と述べている。

水道水、食品の基準超え

福島第一から放出された放射性物質は、風に乗って広がり始めた。

茨城県東海村にある日本原子力研究開発機構（ＪＡＥＡ）の研究施設で、最初に異常な放射線の値を検出したのは３月15日午前１時ごろ。瞬間的に平常時の１００倍以上に跳ね上がった。

東京都新宿区にある東京都健康安全研究センターでも、３月15日午前４時ごろに平常時の４倍、午前10時ごろには20倍以上の値になった。

福島第一からは何種類もの放射性物質が放出されたが、そのうちの一つはセシウム１３７だ。１９４０年代以降、米国やソ連を中心に核実験のため原爆や水爆を大気圏内で何百発も爆発させた。１９６３年に国際条約が作られて大気圏内での実験が禁止されるまで、世界中にセシウム１３７が降り注いでいた。東京でセシウム１３７が降った量は１９６３年がピークで、２０１０年までの総計は１平方メートルあたり約７６００ベクレルだった。

一方、２０１１年３月の１か月に降ったセシウム１３７は約８１００ベクレル。たった１か月で核実験によって何十年もかけて降りつもった量を超えた。

３月22日には東京23区と多摩地域の５市に水道水を送る金町《かなまち》浄水場（東京都葛飾区）の

水道水から、1キログラムあたり210ベクレルの放射性ヨウ素（乳児の飲み水の指標値の2倍以上）が検出された。東京都は乳児に水道水を飲ませないよう呼びかけ、ペットボトルの水が配られた。同様の指標値超えは、福島県、茨城県、千葉県、栃木県の自治体でも見られた。影響を受けた人口は千数百万人にのぼる。水道の摂取制限は、長いところでは5月10日まで続いた。

3月21日には、原子力災害対策本部が、福島、茨城、栃木、群馬県のホウレンソウとカキナ、福島県産の原乳の出荷制限を指示した。3月中に15都道府県で780の食品が検査され、うち136件が規制値を超えた。厚労省によると2012年3月末までの食品の検査総数は13万5571件で、1204件が規制値を超えた。ただし規制値は、その値を超えた水や食べ物を、ずっと取り続けたときに、影響が出てくる可能性がある数値で、短期間では健康影響の可能性は低い。また検査体制が比較的早く整備されたため「汚染された食べ物を食べ続けることは避けられた」と政府は説明している。

福島県産のコメは、2012年産から全量全袋検査が導入された。12年産では0・007％が基準値を超え、その後もわずかに検出されていたが、15年産以降は基準値超えは出ていない。

早すぎた収束宣言

放射性物質の大気中への大量放出は、3月に集中し、4月以降の放出量は3月の1％未満だったと東電は分析している。ただし1％未満とは言え、4月の放出量は、少なくとも事故前の1万倍以上あった。

4月22日に、政府は福島第一から半径20キロ圏内は例外をのぞき立ち入りを禁止する「警戒区域」に、20キロ以遠だが放射線量が1年内に20ミリシーベルトに達するおそれのある区域を「計画的避難区域」に指定し、1か月をめどに避難してもらうことを求めた。計画的避難区域以外で20〜30キロ圏内を「緊急時避難準備区域」（緊急時には屋内退避か避難をしてもらう区域）に定めた。

政府と東電は4月17日に、「事故の収束に向けた道筋」を公表。7月19日に「安定的な冷却」（ステップ1）を達成したと発表した。

その後も冷却の作業を進め、12月16日には「冷温停止状態」（ステップ2）を達成したと発表した。ステップ2は、圧力容器の底や格納容器内の温度が概ね100度以下で、格納容器からの放射性物質の追加放出を大幅に抑制したというレベルだ。放射性物質の外部への飛散は毎時6000万ベクレルで、事故時の1300万分の1に減少。発電所の敷地境界で追加的に被曝する線量は最大年間0・1ミリシーベルトと、目標の年間1ミリシーベルトを下回った。ただし、大幅に抑制と言っても、事故前は検出限界以下だったので、12月時点でも事故前に比べると100倍以上の放出が続いていた。

野田佳彦首相は「発電所の事故そのものは収束に至ったと判断される」と記者会見で述べた。

一方で、福島県の佐藤雄平知事は「期待感は持たせるが、完全収束までは道半ばという認識」。浪江町の馬場有《ばばたもつ》町長は「事故発生以来、国や東京電力の情報開示には不信感があり、まともに受け止められない」。南相馬市の桜井勝延《さくらいかつのぶ》市長は「炉心や燃料を完全制御できていることを確信できる根拠はなく、宣言は早計ではないか」と述べた。

ジャーナリストの木野龍逸《きのりゅういち》は、「冷温停止状態」という言葉を政府や東電の「造語」だと指摘している。もともと原発には冷温停止という用語しかない。正常な原発が100度未満になった「冷温停止」と、圧力容器が溶け落ち、いまだに溶け落ちた燃料の状況さえつかみ切れていない「冷温停止状態」では、天と地ほどの差があるのに、近い言葉で印象をごまかしてしまっているからだ。

警戒区域や計画的避難区域は事故直後より小さくなったものの、帰還困難区域と名前を変え、今も337平方キロメートルが指定されており、人は住めないままだ。

被曝の実態

「大半が2ミリシーベルト未満」

福島市にあったモニタリングポストも機能を失っていたため、原発から北西約63キロ、福島市中心部にある県北保健福祉事務所で、1号機爆発の翌日から臨時に放射線の測定が始められた。その値は、3月15日午後6時すぎ、毎時24マイクロシーベルトを超えた。事故前の600倍ほどだ。その後急速に減少し、3月末には2・8マイクロシーベルト、12月16日には毎時1マイクロシーベルトになった。2020年8月31日は毎時0・14マイクロシーベルトで、私の住んでいる神戸市の同日のデータ0・108と大きくは変わらない。ただしモニタリングポスト周辺は除染を徹底しているため、低めの数値を示しているという批判もある。

福島県は、事故後4か月間に、県民がどれだけ外部から被曝したかを、行動についてのアンケートと、線量のコンピューターシミュレーション、モニタリングデータを組み合わせて個人ごとに推計している。その結果、2ミリシーベルト未満が93・8%、最高値で25ミリシーベルトだった。自然放射線で被曝する量は、日本では年間2・1ミリシーベルトとされている。事故によって上乗せされた分は、それより少ない人が大半だったということだ。

アンケートの回答率が約27%と低いという難点があったが、未回答の人に後日無作為で回答を依頼して得た結果と比較して、線量の推計は県民全体の傾向を正しく反映していると福島県は説明し、「統計的有意差をもって確認できるほどの健康影響が認められるレベルではない」と評価している。

放射線量が上がって懸念されることの一つはがん患者の増加だが、事故で被曝した住民と被曝していない人を比較しても、がんで死ぬ人の人数に違いがはっきりわかるほどの差は出てこないだろうと福島県は説明している。例えば福島県では2019年に2万5006人が亡くなっている。死因で一番多いのはがんの6232人で、約25%を占める。がんの原因としては、喫煙、肝炎ウイルスやピロリ菌などの感染、飲酒や塩分の取りすぎ、野菜不足などの生活習慣が大半を占める。それらの影響が大きいので、被曝によってがんが増えたとしても、その影響は見えづらいというのだ。

食事にどのくらいの放射性物質が含まれているかも、日本生活協同組合連合会などが、福島県を中心に18都県の家庭で調べている。

2011年を例にとると、福島県で100世帯、岩手から福岡までの17都県で150世帯の計250世帯でふだん通りの食事を、もう一人分余分につくってもらう。それをポリ袋につめて冷凍し、2日分（6食分とおやつ）を検査センターに送る。

検査センターでは、それを世帯ごとにミキサーにかけて、放射線の検出器で測る。2011年の調査で、原発事故と関連するセシウム134や同137が、検出器が測れる最小の1キログラム当たり1ベクレルより大きな値が検出されたのは、福島県100世帯中10世帯だった。最も多かった家庭の食事を食べ続けたとして、1年間に食べ物由来で被曝する量は、0・136ミリシーベルトになる計算だ。

危険側に引き上げられた基準、少ない測定

公表されている外部被曝や食べ物由来の内部被曝の数値は、事故前に比べると高いものの、年間の線量限度と比べると低い。ただし、原発事故直後の被曝がきちんと計測されていないのではないか、という不安は払拭されていない。

チェルノブイリ原発事故（1986年）では、子どもの甲状腺がんが増えたことが報告され、原発事故の際には最も警戒すべき健康影響として知られていた。政府や福島県も、事前の防災計画で、放射性物質に体が汚染された程度を調べ、必要な場合はさらに検査したり、安定ヨウ素剤を飲んでもらったりする対応策を用意していた。しかし事故直後の混乱

の中で、それが十分に機能しなかったことが、住民たちに不安と不信を残すことになった。

不十分だった対応の一つは、住民の中から甲状腺被曝が多そうな人をふるいわけて詳しく調べるための基準値（スクリーニングレベル）を、事故直後に10倍も緩めてしまったことだ。

福島県は、事故前に策定した「福島県緊急被ばく医療活動マニュアル」に基づき、体の表面の汚染が１万３０００ｃｐｍ（ｃｐｍは１分間に計測される放射線の数）を超える人を、ふるいわけの対象としていた。避難所などで一人ひとり計測し、この値を超えていたら、放射性物質で汚染された服を脱ぎ、全身を洗って、さらに甲状腺の被曝を別の機械で詳しく調べ、必要ならば安定ヨウ素剤も服用すると定めていた。安定ヨウ素剤を飲んで血中のヨウ素の濃度を高めれば、原発から放出された放射性ヨウ素が甲状腺にたまるのを抑えることができるからだ。

ところが、今回の事故では、その基準を超える人が続出し、事故前に決めていたふるいわけ基準では対応しきれなくなった。そこで福島県は爆発の２日後に、基準を10万ｃｐｍに引き上げた。除染に使う水（お湯）が不足していたのが原因だった。そのため、本来ならば詳しい測定や、安定ヨウ素剤を飲むべき人が、そのままにされてしまった。

もう一点は、甲状腺被曝を直接測定した子どもの人数が、極めて少なかったことだ。

たとえばチェルノブイリの原発事故では、事故発生からほぼ1か月の間に、ウクライナで約13万人、ベラルーシで約4万人の子どもと青少年の甲状腺被曝量が調べられた。一方、福島では、いわき市、川俣町《かわまたまち》、飯舘村《いいたてむら》の0歳から15歳までの1080人しか計測していない。この限られた結果をもとに、原子力安全委員会は甲状腺等価線量で「100ミリシーベルトを超える子どもはいなかった」と評価した。

国会事故調の調べによると、政府の測定とは別に独自に甲状腺内部被曝を測っていた弘前大学のチームに対し、福島県地域医療課が「人を測るのは不安をかき立てるからやめてほしい」と要請していたことがわかっている。

国会事故調報告書は、このようにも述べている。

「原災本部又は福島県は、十分に放射性ヨウ素による内部被ばく検査を実施していないために、住民の放射性ヨウ素による初期の内部被ばくの実態が明らかになっていない。結果として県民健康調査の中で、18歳未満の県民に対し一生涯の甲状腺検査が実施されることになったが、初期の被ばく量が不明であることは評価のうえで弱点となっている」

甲状腺がんの現状

事故後、11年10月から、事故当時18歳以下の子どもたち約38万人を対象に、福島県は超音波を使って甲状腺検査をしている。

これまでの検査（2020年3月現在）で、甲状腺がん、またはその疑いがあると診断された子どもは246人。そのうち手術をして甲状腺がんと確定したのは199人だった。この数値の評価については、第3章で詳述する。

検査結果を検討している福島県「県民健康調査」検討委員会が2016年3月にまとめた「県民健康調査における中間取りまとめ」では、以下のように書かれている。

先行検査〔1回目の検査、2011〜13年度〕を終えて、わが国の地域がん登録で把握されている甲状腺がんの罹患統計などから推定される有病数に比べて数十倍のオーダーで多い甲状腺がんが発見されている。このことについては、将来的に臨床診断されたり、死に結びついたりすることがないがんを多数診断している可能性が指摘されている〔死ぬまで放っておいても健康に悪い影響のない小さながんを見つけてしまっているという意味〕。

これまでに発見された甲状腺がんについては、被ばく線量がチェルノブイリ事故と比べて総じて小さいこと、被ばくからがん発見までの期間が概ね1年から4年と短いこと、事故当時5歳以下からの発見はないこと、地域別の発見率に大きな差がないことから、総合的に判断して、放射線の影響とは考えにくいと評価する。
但し、放射線の影響の可能性は小さいとはいえ現段階ではまだ完全には否定できず、影響評価のためには長期にわたる情報の集積が不可欠であるため、検査を受けることによる不利益についても丁寧に説明しながら、今後も甲状腺検査を継続していくべきである。

２０１９年６月には検討委員会の甲状腺検査評価部会が、２回目の検査（２０１４～15年度）の結果について「部会まとめ」を発表した。「本格検査（検査２回目）における甲状腺がん発見率は、先行検査よりもやや低いものの、依然として数十倍高かった」と結果を評価している。一方で被曝線量の増加に応じて発見率が上昇する関係（線量・効果関係）は認められないことから、「現時点において、甲状腺本格検査（検査２回目）に発見された甲状腺がんと放射線被ばくの間の関連は認められない」「２０１６年度から検査３回目、18年度から検査４回目が行われており、それらの検査結果を蓄積した解析を行う必要がある」としている。

新しいリスク　セシウムボール

今回の事故で初めて見つかった、まだ影響がよくわかっていないリスクもある。それは「セシウムボール」と呼ばれる微粒子だ。事故の際に、環境中に福島第一から放出されたことが、最近の研究でわかってきた。これまで知られていなかった新しい形の汚染だ。セシウムボールは、１０００分の１ミリ前後で、放射性物質のセシウムや、ウラン、プルトニウムなどを含んでいる。

これまでは、セシウムは水に溶けるので、吸い込んだり食べたりして体内に取り込んでも、比較的早く体から排出されると考えられていた。ところがセシウムボールは水に溶けにくく、体の中に長くとどまってしまう。同じ量のセシウムでも、セシウムボールの形だと人体への影響が大きくなる可能性が指摘されている。まだ研究は始まったばかりだ。

後始末の費用負担と事故処理の行方

除染に約5兆円　史上最大の土木工事

政府や市町村は、放射性物質を取り除く除染作業を２０１１年春から始めた。

土の表面から深さ3〜5センチの範囲に放射性セシウムが集中しているので、そこを削りとり、きれいな土を埋め戻す。建物の外壁や雨どいをきれいに拭き取る。農地は、表面の土地と深いところの土を入れ替える「反転耕」を実施する、などの作業が進められた。

2018年3月には、帰還困難区域を除いてすべての市町村で除染が終わったとされている。現在は、2022年終了を目指して、帰還困難区域の中で作業が進められている。帰還困難区域以外では、福島、岩手、宮城、栃木、茨城、群馬、埼玉、千葉の2万5000平方キロメートル、人口約700万人の生活している地域が対象で、住宅58万9000戸、農地4万1700ヘクタールなどが除染された。ただし、森林の除染は人が住んでいる場所の近くだけ。道路脇、河川の近く、あぜ道などは行われておらず、人が近くに住んでいる場所でも除染が全面的に実施されているわけではない。

除染はのべ3160万人が作業にあたり、汚染土の中間貯蔵施設関連を含めると費用は2020年末までで約5兆円かかった。環境省の報告書には、瀬戸大橋（900万人、1兆1300億円）、青函トンネル（1400万人、6900億円）と比較し、「我が国における巨大な土木事業と比較してもいかに短期間に多くの作業員が関わったかが分かる」と書かれている。一企業が放出した汚染物質の回収作業として世界に例を見ない規模だ。「人類初の経験と言っても良い、人口密集地を背後に抱えた地域で生じた放射性物質の環境中への飛散という状況に対する、現時点までの闘いの記録」。鈴木基之《もとゆき》東大名誉教授は、報告書でそう述べる。

福島県内で除去された土壌やごみは、双葉町、大熊町に設けられた中間貯蔵施設へ集積作業が進められている。福島県外では、それぞれの自治体で仮置き場に保管されている。除染は、事故前の平常値に追加される被曝線量が年間20ミリシーベルト以上になる地域を縮小し、20ミリシーベルト未満の地域では、年間1ミリシーベルト以下になることを目標にしていた。

政府が除染した地域の平均で、2011年8月に毎時2・7マイクロシーベルトあった線量は、除染後の2018年3月には0・32マイクロシーベルトまで下がった。放射性物質が時間とともに減ったり、雨などに流されたりする効果だけならば、0・79マイクロシーベルトまでしか下がらなかったと推計されている。約18年分の自然減衰の効果を、除染で先取りすることができたと環境省は評価している。

あいまいな「廃炉」

茨城県東海村の日本原子力研究開発機構（JAEA）の海辺に、約1万平方メートルほどの緑の広場がある。ここは、日本で初めて原子力で発電した動力試験炉ＪＰＤＲという原子炉があった場所だ。ＪＰＤＲは１９６３年から発電を始め、１９７６年に運転終了。１９８６年から96年までかけて解体された。

国内では現在、福島第一を含めて27基の原発が廃炉を決めている。その中で廃炉が完全に終わり、更地にまで戻されたのはここだけだ。

２０１１年年末、政府や東電は、福島第一は「30年～40年後に廃炉を終える」と工程表を示した。あと20～30年しかないが、廃炉が終わったとき、福島第一の現場はどんな状態になるのか、いまだに東電や政府はあいまいにしたままだ。

日本原子力学会は２０２０年７月に、廃炉の進め方についての報告書をまとめた。それによれば、廃炉作業が完了し、敷地を再利用できるようになるまで最短でも１００年以上かかるとしている。

東電は２０２２年に予定されている燃料デブリ（核燃料と炉心の構造物が一緒に溶けて固まったもの）の取り出しから、20年から30年で廃炉を終了することを目標としている。しかし事故を起こしていない原子炉、たとえばＪＰＤＲと同じような後始末の工程にはならず、その期間で終えることは「現実的に困難である」と日本原子力学会の報告書は述べている。燃料デブリを取り出す技術がまだ確立しておらず、そして取り出せたとしても、高い放射線を発するデブリや、解体で生じる放射性廃棄物をどう始末するかが大きな問題となる。

ＪＰＤＲの出力は福島第一１号機の３％弱しかない。廃炉で生じた放射性廃棄物は約３７７０トンで、うち比較的放射能レベルが高い約２１００トンは、ドラム缶などにつめて敷地内の保管施設に収められている。一方、福島第一では、後始末で生じる放射性廃棄物は７８０万トン以上と見積もられている。ＪＰＤＲの３０００倍以上だ。

今後の後始末作業で、大量の放射性廃棄物をどこで管理するかが大きな課題だが、まだ何も決まっていない。放射性廃棄物の搬出・保管がうまくできなければ、後始末の作業そのものが止まってしまう可能性が高い。

福島第一と同じ「レベル７」の事故を起こしたチェルノブイリ原発は、原発の建物をすっぽり覆うかまぼこ型のシェルターに覆われ、炉心から溶け落ちて固まった燃料は、そのまま放置されている。時間が経てば放射線も弱まって作業がしやすくなり、放射性廃棄物も減る。その効果があらわれるのを待ってから、廃炉を始める予定だ。

福島第一でも、同じように事故の後始末に１００年から３００年以上かけるシナリオを、日本原子力学会は提示している。

福島第一原発事故の後始末費用の試算　（単位　兆円）

	政府試算（2013）	政府試算（2016）	日本経済研究センター（2019）廃炉する・汚染水を海洋放出しない	日本経済研究センター（2019）廃炉せず燃料封じ込め、汚染水は海洋放出
廃炉、汚染水の処理	2	8	51	4.3
賠償	5	7.9	10	10.3
除染・中間貯蔵施設	4	5.6	20	20
合計	11	21.5	81	35

少なくとも21・5兆円　膨大な後始末費用

事故の後始末にかかる費用は、政府の試算（2016年）で21・5兆円にのぼる。廃炉や汚染水の始末に8兆円、賠償に7・9兆円、除染に4兆円、中間貯蔵に1・6兆円などだ。東日本大震災の被害額は、原発事故関連を除くと16・9兆円なので、それの1・3倍に上る。阪神・淡路大震災の被害9・6兆円と比べると2・2倍にもなる。

21・5兆円ではとても収まらないという予測も多い。民間のシンクタンク日本経済研究センターの試算では、35兆円から81兆円と見通している。これだけ幅があるのは、汚染水の処理方法によってかかる金額が大きく異なってくるためだ（表）。

何十兆円もの費用は、これから何十年もかけて、私たちが電気料金や税金で、負担していくことになる。

たまたま、拡大しなかった

「東日本壊滅ですよ」吉田所長の危機感

本章の最後に、事故の被害がもっと大きくなる可能性が高かったことを書いておきたい。政府事故調のヒアリングで、福島第一の所長だった吉田昌郎《まさお》は、地震の3日後の3月14日の夜、2号機が絶体絶命の窮地に陥ったときのことを、こんなふうに答えている。

「完全に燃料露出しているにもかかわらず、減圧もできない、水も入らないという状態が来ましたので、私は本当にここだけは一番思い出したくないところです。ここで何回目かに死んだと、ここで本当に死んだと思ったんです」

「水入らないんですもの。水入らないということは、ただ溶けていくだけですから、燃料が」

「放射性物質が全部出て、まき散らしてしまうわけですから、我々のイメージは東日本壊滅ですよ」

その時点で、1号機と3号機は建屋上部がすでに爆発していたが、2号機はさらに悪い事態に陥りそうになっていた。原子炉の圧力が下がらず、水が入らない。建屋より重要な、格納容器そのものが吹き飛んでしまう恐れがあったのだ。

「燃料が溶けて1200度になりますと、何も冷やさないと、圧力容器の壁抜きますから、それから、格納容器の壁もそのどろどろで抜きますから、チャイナシンドロームになってしまうわけですよ。今、ぐずぐずとはいえ、格納容器があり、圧力容器、それなりのバウンダリ（隔壁）を構成しているわけですけれども、あれが全てなくなるわけですから、燃料分が全部外へ出てしまう」

「そうすると、1号、3号の注水も停止しないといけない。これも遅かれ早かれこんな状態になる」

その場合、政府が描いた最悪シナリオでは、首都圏の大部分まで含む半径250キロで約5000万人が避難を迫られる事態に進展することが予測された。まさに「東日本壊滅」だ。

そこに至らなかったのは、現場の努力だけでなく、偶然の要素が大きかった。2号機の格納容器に穴は開いたものの、爆発でバラバラにはならなかった。4号機に工事の遅れのため大量の水が貯めてあり、それが地震の揺れで核燃料プールに勝手に流れ込んで冷やしてくれるなどの幸運も重なった。

将来、線量が下がって現場検証が可能になったとき、東日本壊滅から救ってくれた意外な要因が、さらに見つかるのかもしれない。

米国は80キロ避難

3月17日未明、米国のルース駐日大使は、①原発の半径80キロ以内からの避難、②安全に退避できない場合は屋内に退避、を米国人に呼びかけた。さらに「米国市民はこの時点での日本への渡航を延期し、日本在住の米国人は国外退避を検討するよう、国務省は強く勧める」とも伝えた。

福島第一から半径80キロ以内には、約300人の米国人と約2000万人の日本人が住んでいた。3月13日の段階では、米大使館は、日本国内の米国市民に対し、日本政府の指示と同じ20キロ圏内からの避難だけを指示していた。それでは不十分と考えたのだ。

米国が事態の悪化を危惧したのは、4号機だった。4号機は、定期点検中で運転しておらず、核燃料はすべて原子炉から使用済み燃料プールに取り出されていた。燃料1535体のうち3分の1以上は3か月前に炉心から取り出されたばかりで、放出する放射線レベルや温度は高かった。

福島第一には、各原子炉に1つずつと、予備の共用プール、計7つの使用済み燃料プールがあるが、そのなかでも4号機のプールが最も温度が高く、最初に沸騰《ふっとう》してしまうと予測されていた。使用済み燃料プールは鉄筋コンクリート製の大きな水タンクで、水が１４００トン入っている。使用済み燃料の熱を冷やすため、通常はポンプで水を循環させているが、地震後、冷却は止まっていた。４号機のプールの温度は少しずつ上昇を続け、地震前、27度だった水温は、14日午前4時8分には84度になっていた。

米国が恐れたシナリオ

4号機プールの水が沸騰してすべて失われれば、核燃料が大気中に露出し、燃料棒を収めた被覆管が発火する。燃料棒が損傷して、セシウム１３７などの放射性物質が放出される。４号機の建屋は15日に吹き飛んでいたから、燃料プールは、むき出しの状態だった。もし燃料棒が発火すれば、放射性物質は大量に環境中に放出されてしまうのだ。

3月16日、「4号機のプールで大部分の水はなくなっている」との見解を米原子力規制委員会のグレゴリー・ヤツコ委員長は米下院公聴会で示した。さらに事態が進むと、致死量の放射線を浴びることになるため、作業員が福島第一で作業することが難しくなるとも警告した。こうした米政府の認識が、原発から80キロ圏内に滞在する米国民への避難勧告につながった。

たまたま4号機に水はあった

４号機では、２０１０年12月からシュラウド取り替え工事が始まっていた。シュラウドは高さ約7メートル、直径約４・７メートル、重さ約35トンあり、原子炉内で最も大きな部品だ。円筒状のステンレス製で、内側に燃料や制御棒などを収める。取り替え工事中は被曝を減らすため、原子炉の上部にまで水を入れる。その総量は１４４０トンで、プールの水量１４００トンを上回る。

予定では、古いシュラウドを取り出して、３月７日までに上部の水は抜かれているはずだった。ところが交換に使う道具に不具合が見つかって工事が遅れ、地震発生時、原子炉内に１４４０トンの水がまだ残っていた。それが地震の揺れの影響で燃料プールに流れ込み、プールを冷やすのに役立ったと考えられている。

工事の遅れが、４号機を救ったのだ。

対策間に合った東海第二

福島第一から南へ約１１０キロ。日本原子力発電（日本原電）の東海第二原発（出力１１０万キロワット）も、危機を簡単に切り抜けたわけではない。

「津波対策については、耐力に余裕があるとは言えない」。日本原電は、2008年8月にそう判断して津波対策に着手していた。そのおかげで、ぎりぎり切り抜けられた。

地震直後、東海第二は揺れのため自動停止。東京電力の送電線から送られてくる外部電力は2系統とも止まった。

非常用ディーゼル発電機3台が始動して原子炉の冷却を始めたが、うち1台が津波の影響ですぐに止まった。発電機を冷やすためのポンプが津波で約2メートルの深さまで水没したためだ。浸水の原因は、新設したばかりの側壁の一部でケーブルを通す穴をふさぐ作業が終わっていなかったからだった。残り2台ある冷却ポンプは無事で、非常用ディーゼル発電機を動かし続けることができた。

13日には外部からの送電が回復。15日に冷温停止にこぎつけた。

日本原電は従来、高さ4・86メートルの津波を想定していた。想定する津波の高さを引き上げ、これまでより1・2メートル高い側壁を作り始めたのは2009年7月だった。東海第二を実際に襲った津波は高さ5・3メートルで、古い側壁より40センチ高かった。

日本原電の元社員は、東電元幹部の刑事裁判で、東海第二の被害が小さかったことについて「側壁の嵩上《かさあ》げが効いたと認識しています」と証言している。

福島第二の奇跡

福島第一から南に約10キロに位置する福島第二原発（福島県楢葉町）は、地震発生当時、１１０万キロワットの１号機から４号機までが運転中だった。

想定していた津波は高さ５・２メートル。実際に襲来した津波は約９メートルで、津波の一部は敷地南側の道路を遡上して、高さ14・５メートル地点まで到達した。

全号機の冷温停止にこぎつけたのは15日朝。地震発生から約90時間かかった。関係者が「福島第一原発の状況をみやる余裕がなかった」と語るほど、厳しい状況だった。

外部電源４系統のうち、生き残ったのは１つだけ。津波で免震重要棟の１階が浸水し、緊急時対策室が停電した。隣にある事務本館からケーブルを引き、約３時間後に復旧した。

海沿いの敷地高さ４メートルの場所にあるポンプ類は大半が水をかぶり、原子炉や燃料プールを冷やすための機能を失った。

非常用ディーゼル発電機も、全12台のうち９台は津波の影響で使えなくなった。特に１号機は原子炉建屋にある非常用ディーゼル発電機の空気取り入れ口から浸水した津波で、地下１階にある発電機本体や電源盤が水をかぶって動かなくなった。１、２、４号機は圧力容器の水温や圧力が上昇し、12日午前６時ごろ相次いで原子力緊急事態が宣言された。

福島第二はどのように危機を切り抜けたのか。水に浸かったポンプのモーターの代わりを、東芝の三重工場から自衛隊機で空輸して交換。海辺のポンプまで、総延長9キロの仮設電源ケーブルを1日で敷いた。通常は1か月以上かかる作業だった。そうやって原子炉はなんとか冷温停止にこぎつけた。

最悪シナリオ「5000万人避難」

福島第一2号機が深刻な状況に陥り、4号機のプールについても懸念されていたころ、菅直人首相ら官邸の政治家は「最悪シナリオ」をイメージし始めた。

枝野幸男官房長官は、民間事故調のインタビューに次のように述べている。

「14日から15日というところがピークだったと思うんですが。福島第一がダメになれば第二もダメになる。第二もダメになったら、今度は東海もダメになる、という悪魔の連鎖になる。だからそうならないように、とにかく近づけなくて手が打てない状況にならないよう、全てを押さえ込みながらやっていかなきゃいけない。福島第二もダメになり、東海もダメになる。そういう悪魔のシナリオ、これが頭にあった。そんなことになったら常識的に考えて東京までだめでしょうと私は思っていた」

菅首相は22日ごろ、近藤駿介《しゅんすけ》原子力委員会委員長に、最悪シナリオの作成を依頼している。近藤は「今起きていることがまさに最悪のことと思いますが、現状でさらに都合の悪いことが起きたらどうなるかということでよろしければ」と返答。ＪＡＥＡや原子力安全基盤機構（ＪＮＥＳ）の専門家の力も借りて、最悪シナリオを作り、25日夕方に提出した。

１号機から始まる水素爆発が連鎖し、放射線量が高くなって作業員は全員退避を強いられる。そのため2号機、３号機も原子炉の冷却を続けることができなくなる。４号機プールでは核燃料が燃えて放射性物質が大量に放出される。この結果、原発から２５０キロの範囲で、放射性物質の量は、住むのに問題ないとされるレベルを遥かに超える。放射線量の自然減衰だけでは、回復に数十年かかる。そんなシナリオだった。半径２５０キロは、青森を除く東北地方ほぼすべて、そして首都圏を含む関東地方の大部分が含まれ、約５０００万人の避難が必要と考えられた。

「もし５０００万人の人々の避難ということになった時には、想像を絶する困難と混乱が待ち受けていたであろう。そしてこれは空想の話ではない。紙一重で現実となった話なのだ」（『東電福島原発事故 総理大臣として考えたこと』）

第2章　事故はなぜ防げなかったのか

第1章では原発事故のあらましを見てきた。では、なぜ事故は起こってしまったのか。事故を事前に防ぐことはできなかったのか。この章では裁判での証言、関係者が検察官に供述した調書、開示された行政文書などをもとに、年次を追って原発の津波対策がおろそかにされてきた経緯を明らかにする。

2002年

東電「40分間抵抗した」

2002年8月1日。朝刊各紙に、東北地方でマグニチュード8（M8）クラスの巨大地震が近いうちに高い確率で発生すると警告した記事が載った。朝日新聞は「津波地震、発生率20%」「今後30年三陸―房総沖」の見出しで、社会面に4段の大きな記事だった。東北地方の太平洋沖にはプレート境界の「日本海溝」がある。巨大津波を引き起こす「津波地震」と呼ばれる地震が、そこで今後30年以内に20%程度の確率で発生する、という内容だった。1896年に三陸沖で発生した地震（明治三陸地震）による津波は、岩手県で

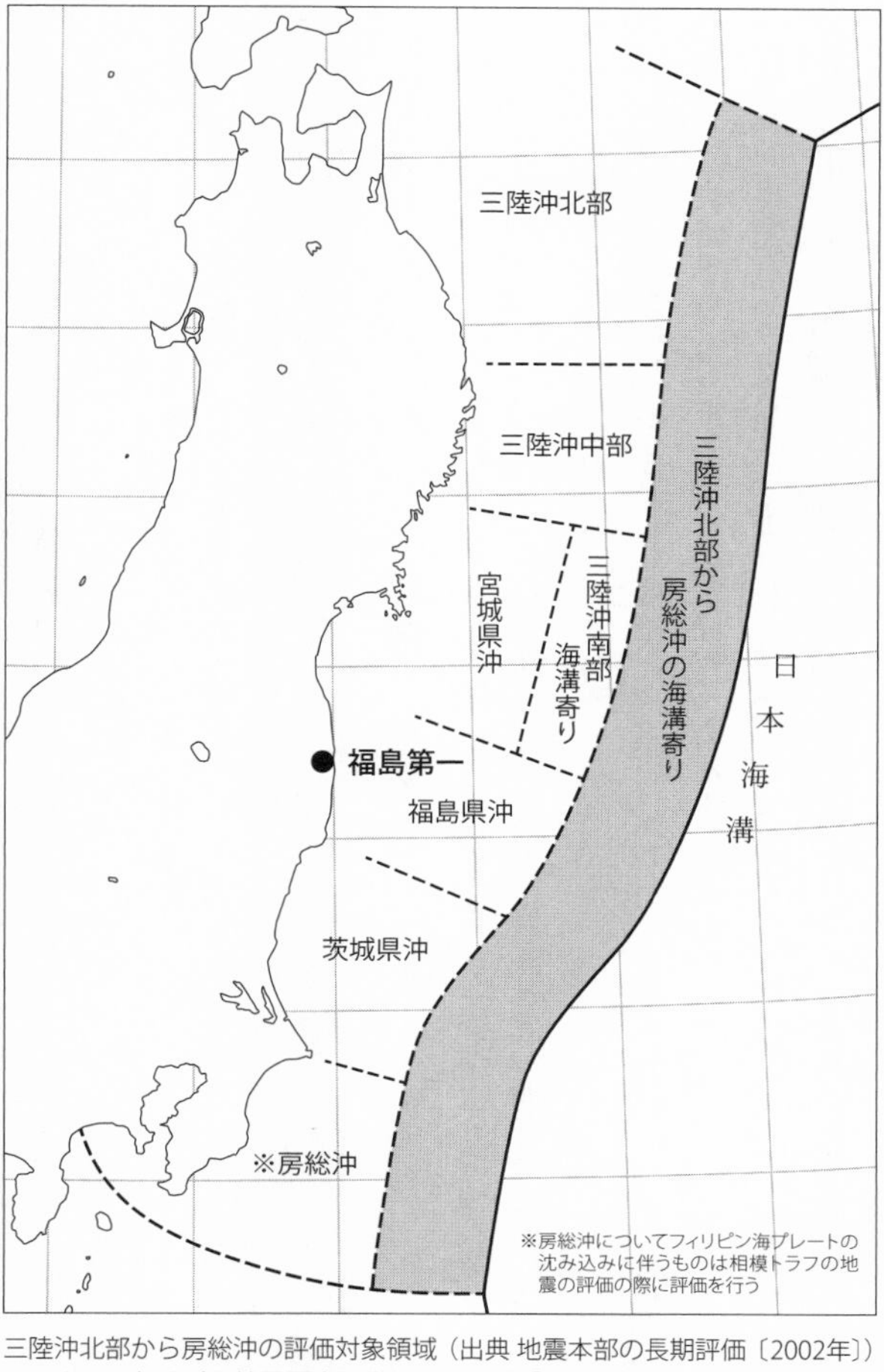

三陸沖北部から房総沖の評価対象領域（出典 地震本部の長期評価〔2002年〕）
アミカケの部分が、地震調査研究推進本部が「日本海溝沿いのどこでも津波地震を起こす」とした領域

30メートルを超える高さまで遡上し、死者は2万人を超えた。同じような地震が、三陸沖だけでなく、日本海溝のどこでも、もっと南の福島沖や茨城沖でも起きうる、という予測だ。

発表したのは、政府の地震調査研究推進本部。地震本部、推本《すいほん》とも呼ばれる。文部科学省の中に事務局があり、地震学者らが月一回程度集まって、各地域でこれからどんな地震が発生するか、長期的な予測（長期評価）をまとめている。法律に基づく、国お墨付きの公式予測だ。

「M7程度の首都直下地震の発生確率は、今後30年以内で70％」

この予測を聞いたことがある人は多いだろう。地震本部が2004年8月に発表した長期評価だ。津波地震についても、これと同じ方法を使って、地下の構造や過去の地震の記録から、発生確率を予測している。

02年8月1日朝刊の記事を読んだ経済産業省原子力安全・保安院の高島賢二統括安全審査官は午後6時半ごろ、部下から東電の担当者に電話で連絡させた。

「統括の指示で、本日新聞に掲載された『三陸沖津波地震確率20％』に対して、三陸沖津波を考慮しているプラントが大丈夫であるかどうか、明日、説明を聞きたい」

電話から1時間もしないうちに、東電の高尾誠は東北電力、日本原電、電源開発の担当者に、保安院から説明を求められたことをメールで連絡している。いずれも太平洋岸に原発を持つ会社だ（東北電力は女川、東通《ひがしどおり》〔当時建設中〕、日本原電は東海第二、電源開発は大間《おおま》〔建設中〕を所有）。

高尾は名古屋大学大学院工学研究科の博士前期2年課程を修了後、１９８９年に東電に入社。１９９３年に本店原子力技術部土木調査グループに配属されてから、東通原子力建設準備事務所に勤務した期間（3年）をのぞいて、事故まで約15年間、本店の土木部門で津波や活断層の調査を担当していた。東電の津波対応のすべてを知っている重要人物である。２０１４年には東北大学から工学博士の学位を授与されている。

８月5日、高尾は、保安院に資料を持って説明に行った。対応したのは保安院原子力発電安全審査課の川原修司耐震班長ら4人。このときのやりとりを、5日19時20分に、高尾は社内外の関係者にメールで報告している。それによると、保安院は「福島～茨城沖も津波地震を計算するべきだ」と要求した。高尾ら東電側は「論文を説明するなどして、40分間くらい抵抗した」。そして「結果的には計算するとはなっていない」。逃げ切ったのだ。

川原はこの年の6月に耐震担当になったばかり。この分野で知識と経験を積んできた東電の高尾に、言い負かされてしまったのではないだろうか。

東電、嘘で逃れる

東電は、福島沖の津波計算を拒否する際、「原子力発電所の津波評価技術」（土木学会手法）と呼ばれる津波の予測方法を根拠にした。これは土木学会が２００２年２月に発表したものだ。東電は「日本海溝は、宮城県沖を境とする北部と南部で、プレート境界の性質が違うため、土木学会は、福島～茨城沖では津波地震を想定していない」と保安院に説明していた。しかし実際には、土木学会は、福島～茨城沖で津波地震が発生するかどうか、検討したことはなかった。東電の「嘘」は、16年後に暴かれた。

東電福島原発事故で、避難した住民が東電と国に損害賠償を求めた群馬訴訟の控訴審第４回口頭弁論が２０１８年12月13日、東京高裁（足立哲裁判長）で開かれ、今村文彦東北大学教授（津波工学）が証言台に立った。

今村教授は、土木学会が土木学会手法をまとめた時の中心メンバーだ。その際、福島沖で津波地震の検討をしたか問われ、「詳細な検討はしていない。２００３年以降の検討課題だった」と証言した。

原告側弁護士「〔土木学会第一期１９９９年～２００１年で〕既往地震〔これまでに起き

た地震」やこれまでの知見のレビューをした。ただ、日本海溝沿いの、過去に大地震の発生が確認されていない領域に、将来の大地震を想定するか否かの詳細な検討はしてない。こういう理解でいいですか」

今村教授「はい、第一期では」

東電側弁護士「土木学会手法はあくまで技術的なシミュレーション方法のみを示したもので、これに当てはめる波源は検討していない、持ち越しになったという主張もあるのですが、その点について証人のご認識は」

今村教授「第一期についてはそのとおり。第二期（２００３年〜05年）以降で将来の可能性についても確率的に検討した」

東電側弁護士「第一期では、土木学会手法を検討しています。その策定の過程で、確定論としてどこまでの津波を取り込むか、そういう検討もしていないのでしょうか」

今村教授「当時の研究のレビューはしました。しかし起きていないところにどういう地震津波が起きるかどうか、そういうところの議論は、第二期以降になります」

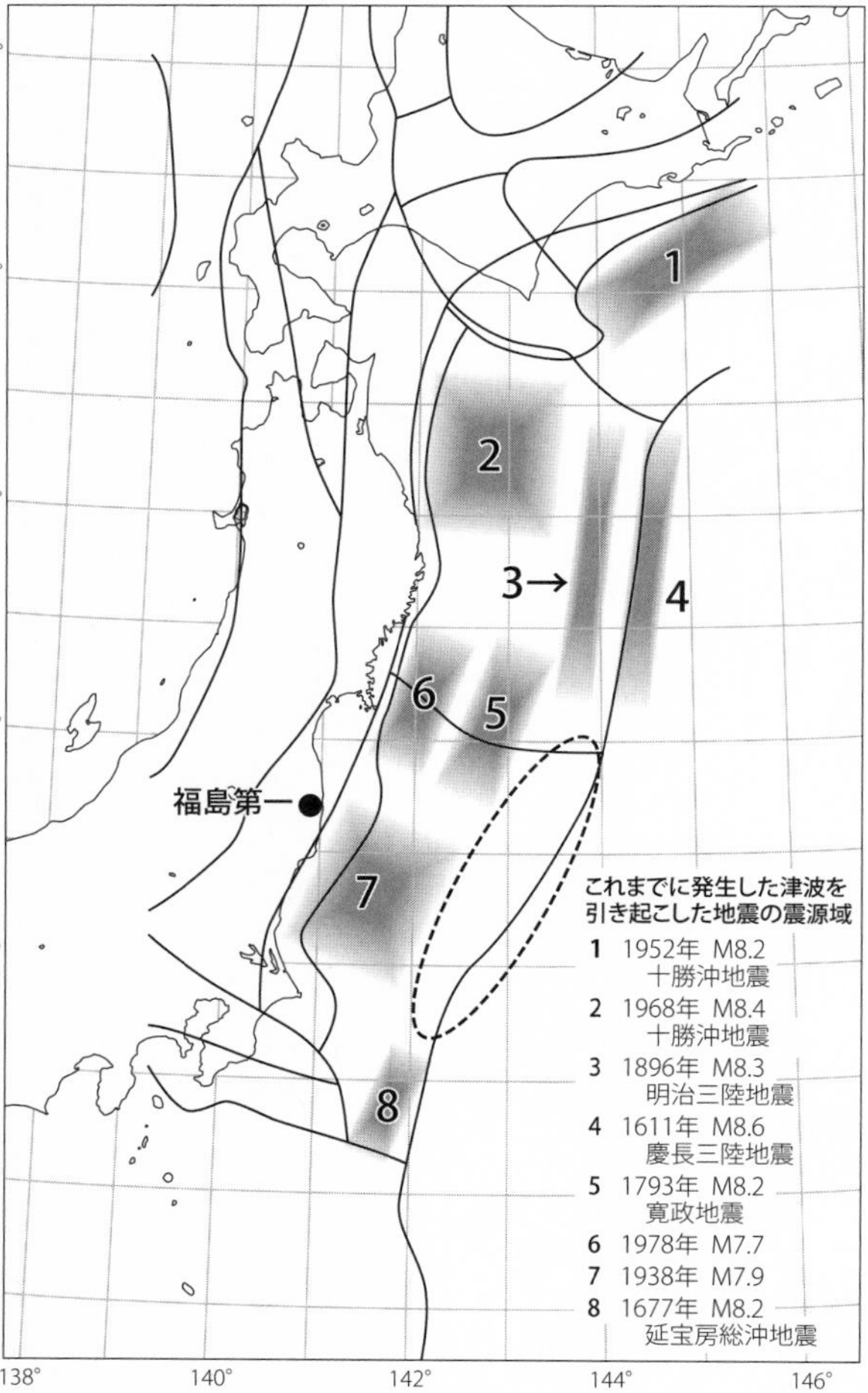

土木学会が示した波源域。福島沖（破線丸部）が空白になっているのがわかる

東電の弁護士は三度にわたって表現を変えて質問し、「福島沖も検討していた」という発言を今村から引き出そうとしたが、今村の答えは変わらなかった。東電側には予想外だったようで、東電の弁護士は十数秒間黙り込み、ようやく次のテーマの質問に切り替えた。土木学会手法が示している波源域（津波を起こす地震が起きる場所）の地図では、福島沖の日本海溝沿いは波源が示されていない。これは検討していないから白いままなのであり、今後津波が起きないと判断した結果白くなっていたわけではなかったことが、今村の証言で明確にされた。

「実質評価しないこと」

話は2002年8月に戻る。同月22日に、保安院の担当者と会った高尾は「津波地震を、確率論（津波ハザード解析）では、そこで起こることを分岐（可能性のある地震の一つ）として扱うことはできるので、そのように対応したい」と説明。保安院の担当者は「そうですか、わかりました」と返答した。「起きるか、起きないか」（決定論、確定論）ではなく、「10メートルを超える津波の発生確率はどのくらいか」（津波ハザード解析、確率論）という方法を使って、津波地震が福島第一の脅威となるか検討すると説明したのだ。

しかし、東電は実際には何もしなかった。

５年後の２００７年11月19日、東電と日本原電が開いた会議で、高尾は「これまで推本の震源領域は、確率論で議論するということで説明してきているが、この扱いをどうするかが非常に悩ましい（確率論で評価するということは実質評価しないということ）」と説明している。

また、２００８年３月５日に開いた会合では、東電は東北電力、日本原電などに「津波対応については２００２年頃に国からの検討要請があり、結論を引き延ばしてきた経緯もある」と話していた。

２００４年

インドの原発に10メートル超の津波

２００４年12月26日、インドネシア・スマトラ島の西方沖で、Ｍ９・１の巨大地震が発生した。これまで観測された地震としては、チリ地震（Ｍ９・５、１９６０年）、アラスカ地震（Ｍ９・２、１９６４年）につぐ3番目の大きさだった。

津波はインドネシア、インド、スリランカ、タイなどを襲い、死者約23万人のほとんどは津波によって亡くなった。プーケット島やピピ島など、インド洋に面したリゾート地が大津波で破壊されていく衝撃的な映像が数多く記録され、世界中に放映された。

この津波は、インド洋を約1300キロ渡り、インドにある原発にも襲来した。インド最南部の東岸にあるタミルナドゥ州カルパッカム郊外に、マドラス原子力発電所1号機（1984年運転開始、出力22万キロワット）、2号機（1986年運転開始、出力22万キロワット）がある。津波は10・56メートルまで遡上したが、敷地の高さ11・2メートルにわずかに届かなかった。そのため原子炉や発電施設などがある主要建屋には浸水しなかった。しかし取水トンネルから大量の海水が侵入し、敷地より低い位置に設置されていた冷却ポンプが止まった。

津波から5分後、圧力が高まって原子炉は緊急停止した。ただし放射性物質の放出など大きな被害はなく、一週間後に運転を再開している。

マドラス原発は、既往最大（記録のある最大）の津波をもとに設計されていた。それを超える、設計時に考慮しなかった大津波によって、原発が「想定外」の緊急停止に追い込まれた初の事例だった。

2005年

「津波の危険性、再検討が必要」国際ワークショップ

大津波翌年の2005年8月、マドラス原発の地元で、国際ワークショップ（WS）が開かれた。国際原子力機関（IAEA）と地元インドの原子力規制当局などが主催。津波や洪水など、外から原発に浸水する（外部溢水《いっすい》）影響について検討する目的だった。被害を受けた原発の視察もあった。

IAEAとは、原子力の平和利用について科学的、技術的協力を進める国連の関連機関。職員2500人で、本部はウィーンにある。

IAEAのプレスリリースは同年8月16日付で、このWSについて「科学者たちは、昨年12月にインド洋を襲った大規模な津波を引き起こした壊滅的な地震をきっかけに、原発の潜在的な危険性を再検討している」と報じている。記事の中で、IAEAの尾本彰《おもとあきら》原子力発電部長は「沿岸地域には多数の原子力発電所が稼働しており、そのいくつかはこの外部ハザードを再検討する必要があるかもしれない」と述べている。2002年に、津波地

震の計算を東電が拒否したとき、尾本は東電で津波想定を担当する原子力技術部長で、高尾の上司だった。２００４年にＩＡＥＡの原子力発電部長に就任。２０１０年1月から原子力委員会の委員を務めていたが、委員になってからも東電から顧問として報酬を受けていたことが問題視され、２０１３年3月に退任している。

ＷＳに参加した原子力安全基盤機構（ＪＮＥＳ）職員の出張報告書によると、ＷＳは、保安院原子力発電安全審査課、日本の電力会社、ＩＡＥＡ三者の強い意向で開催された。参加者は81人。主催のインドから44人、日本からも10人が参加した。ＪＮＥＳは、原発の安全性と設計の解析・評価や、調査、試験研究などを担う独立行政法人で、２０１４年には原子力規制庁と統合されている。

ＷＳでは、①津波や洪水などの経験とケーススタディー、②津波評価手法、③警報システムと非常時の対応、④各国の規制状況の4分野をとりあげ、計42件の発表があった。日本からは規制や審査の状況、津波シミュレーション解析、実際の原発における津波評価の事例紹介など7件が報告された。

報告後、日本の規制体系や審査基準について、参加者から「裕度（安全余裕）についてどう考えるのか」と質問があった。ＪＮＥＳの担当者は「多数のケーススタディーの結果で判断している」と回答したが、これは日本の津波規制の弱点を指摘した、鋭い質問だった。当時、日本の原発の津波想定には土木学会手法が用いられ、それは過去に記録が残る津波より平均約2倍大きいと考えられていた。しかし福島第一のように近くに津波痕跡がほとんどない原発では、本当に余裕があるのか不確かだった。

WSの結論としてまとめられた5項目のうち、2つは東電福島原発事故に密接に関わるものだった。一つは、津波の想定について、定期的に見直し、検証することが必要とされたこと。もう一つは、基準がある場合でも、最近の事例からの知見などを反映し改定・拡充していく必要があるとされたこと。

これから見ていくが、日本でも津波の研究が進み、過去に起きた津波の大きさが見直され、さらに原発は他の事故要因に比べて津波に格段に弱いというデータも積み重なってくる。ところが日本では、想定の見直し、基準の改定はどんどん先延ばしされ続けた。

「想定外もあり得るという前提で対策を」

インドで開かれたWSの直後から、JNES内部で津波対策の検討が始まった。

保安院やJNESの幹部は津波を重要な問題と判断し、佐藤均（保安院原子力発電安全審査課長）は、部下の小野祐二（同課審査班長）に指示して「内部溢水、外部溢水勉強会」を立ち上げさせた。小野班長や東電の関係者が検察の調べに供述した調書に、当時の経緯が詳しく述べられている。

２００５年12月14日午前10時、保安院４３９A会議室。小野班長のほか、東電から津波想定担当の酒井俊朗、機器の対策を担当する長澤和幸ら計８人、JNESから３人が出席して、勉強会の準備会合が開かれた。酒井は前出の高尾の上司で、１９８３年に東電に入社、86年に本店に配属されてから、ずっと原発の津波や活断層評価の仕事に携わってきた。

小野はこう説明した。

「女川で想定地震を超えたことで、想定を上回る自然現象が実際に発生しうることが明らかになった」

「また過去に、フランス・ルブレイエ原発で大規模浸水事象もあった。インパクトが大きい自然現象としては地震と津波の二つが考えられる。想定外もあり得るという前提で対策をしておけば、想定外事象が発生した場合においても、対外的に説明しやすく、プラントの長期停止を避けられる」

同年８月の宮城県沖地震（M７・２）で、東北電力の女川原発は想定より大きな揺れに襲われた。右記の「プラントの長期停止」は、１～３号機が自動停止し、影響を調べるため約５か月、３基とも運転できなくなっていたことを指している。

「想定外津波については上層部の会議（保安院と電力会社管理部長、保安院とJNES）でも話題となっているが、現状は回答がない」
「津波によって施設内のポンプ等が浸水した場合にどういう事態になるのか、何か対策をしておくべきなのかに関する説明ができないことに対して、保安院上層部は不安感があり、審査課に説明をもとめてくる可能性がある。そこで、設計波高を越えた場合に施設がどうなるのかを早急に検討したい」
こんなやりとりもされていた。

JNES「本件は外部への発表は考えておらず、内部での検討と認識している」
東電「浸水した場合の悲惨的な事態をシステム解析することはある程度の期間で可能だが、そういう事態になり得る可能性を合わせて評価しなければ、解析し示したのみとなり、対策計画等の判断基準にならないと思う。有用な評価結果を提出するためには、津波PSAを用いるのが良いと思われるが、手法整備状況を考慮すると早急に評価結果をまとめるのは厳しい」

津波PSA（確率論的津波安全性評価）とは、前述した津波ハザード解析と、ポンプや電源など機器類が津波でどの程度の被害を受けるかという脆弱さの評価を組み合わせ、原発が津波で大事故を起こす確率を計算する方法だ。

小野「津波ＰＳＡ評価は進めていくとして、当面、福島第一、第二を例に脆弱性を概算で良いので把握したい。２００８年６月までに内部で進捗報告できるものをまとめて欲しい」

東電は、後日作成したメモに「保安院の懸念は、国会で想定外津波の質問があった場合に回答できないこと」と書いていた。

２００６年

「検討に着手、画期的。着実に実施を」

２００６年１月17日午前10時、保安院審査課で開かれた会合には、小野班長やＪＮＥＳの担当者、計６人が出席。溢水勉強会を立ち上げ、同年６月までに代表プラント（福島第

一、女川、浜岡など）について津波の影響を調べることを決めた。２０１０年度中に、全原発で想定外津波に対するアクシデントマネジメント（ＡＭ）対策を実施し、その結果を検討するという青写真もまとめられた。津波のＡＭとは、たとえ浸水で原発が被害を受けたとしても、多重化した別の装置や代替機器などを使って、原子炉を止め、冷却を続け、大事故になることを防ぐ手法のことだ。

このときの状況について、小野は検察に以下のように述べている。

「私は、当時、耐震班の人間からだったと記憶していますが、『原子力発電所の中には、土木学会手法による想定津波と非常用ポンプの電動機の高さとの差が数センチメートルしかないものがある』という話を聞いていました。非常用海水ポンプを使用した冷却機能が失われ、原子炉の安全上、重大な故障が生じるおそれがありました。ですから、私としては、津波ＰＳＡの確立を待たずに、電力事業者にできることから自主的な対策をとらせていくべきだと考えていました」

勉強会立ち上げの翌18日、経済産業省別館5階、５２６号室で開かれた第43回安全情報検討会で津波が議題になり、溢水勉強会が発足したことが報告された。

安全情報検討会とは、保安院とＪＮＥＳが連携して、原発に関する国内外の事故やトラブルなどリスク情報を収集し、それを分析して必要な規制について検討する場だ。保安院からは院長、次長につぐナンバー3の地位にある審議官も参加する、重要な検討会だった。

この日の会合で、保安院の阿部清治《きよはる》審議官は「津波ハザード手法はすでに確立されているのか」と尋ね、JNESの担当者は「まだ確立されていない」と答えている。津波地震の計算を要求された東電が40分間抵抗したのち、「確率的手法（確率論的津波ハザード手法）で福島第一原発への津波の脅威の度合いを検討する」と保安院に答えてから3年半以上経っていたが、まだ手法すらできあがっていなかった。

平岡英治首席統括安全審査官は「とにかく検討に着手したことは画期的。今後、着実に実施し、適宜報告されたし」とコメントした。

「敷地を越えると炉心溶融です」

2006年5月11日に開かれた第3回溢水勉強会では、福島第一に高い津波が襲来するとどんな事態を引き起こすか、東電が報告した。

津波の高さが建屋のある敷地高10メートルを超えると、大物搬入口、非常用ディーゼル発電機の給気口、サービス建屋の入り口など、複数か所から海水が侵入し、全電源を失う危険性があることが示された。

「この結果を聞いて、確かJNESの蛯沢《えびさわ》〔勝三《かつみ》〕部長が『敷地を越える津波が来たら結局どうなるの』などと尋ね、東京電力の担当者が『炉心溶融です』などと答えたと記憶しています」と小野班長は検察の調べに答えた。

蛯沢の発言のメモとして、「④水密性」「大物搬入口」「水密扉」「↓対策」という記述が残されている。また、敷地を超える津波については、機器が水没しないようにして炉心溶融を防ぐべきだとも蛯沢は指摘していた。

「あまりに余裕がなさすぎる」福島第一の実地調査

2006年6月9日、午前9時から午後3時までかけて、溢水勉強会は福島第一の現地視察をした。対象は5号機。小野班長ら保安院2人、JNESから6人、北海道電力1人、中部電力1人、東電から長澤ら9人が参加した。

小野は非常用の海水ポンプに注目していた。「津波想定（土木学会手法）が5・6メートルで、ポンプの高さが同じ5・6メートルというのはあまりに余裕がなさすぎる。事業者の判断ではあるが、津波PSAの結果を待たずに、改造に着手するという視点も重要」と指摘した。

東電・長澤「土木部門から、土木学会の津波想定は、それ自体保守性〔余裕がある〕と聞いていました。一方で、女川で想定を越える揺れを観測したことから、10〜20センチでは心許ないという感覚も理解できました」（検察調書）

小野は溢水勉強会で「女川だって想定地震動を超えた。自分たちの知見だけではわからないことがある。自主的に対策を打っていかないとだめです」と何度も主張したという。「しかし、電力事業者は動こうとしませんでした」。

保安院の安全審査官だった名倉繁樹は、東電元幹部の刑事裁判で、こう証言した。

「小野班長は、事業者との間で、想定される津波に対してどれぐらい余裕があればいいか、激しい議論をしていました」

「水位に対して何倍とるべきだとか、延々と議論していたと思います。〔具体的な対応をしない事業者に〕苛立ちがあったと思います」（東電元幹部の刑事裁判の第29回公判。以下、「公判」と表記）

小野は、特に余裕の少ない福島第一に対しては、早急に対策をとらせるべきだと考えていた。電力会社の対応を促すために考えた、２００６年6月29日付の小野の覚書が残っている。タイトルは「内部溢水及び外部溢水の今後の検討方針（案）」、まず疑問点として以下の点をあげていた。

○土木学会手法による津波高さ評価がどの程度の保守性を有しているか確認する。

・評価手法、解析モデル、潮位・台風などの影響の重ね合わせ

・既往最大津波高さとの比較
・耐震指針の見直しによる津波高さへの影響

また、影響防止対策の進め方も示していた。

○電力〔会社〕は、想定外津波対策について津波PSAによる評価結果を待ちたいとのことであるが、津波PSA評価手法の確立には長期を要することから、当面、土木学会手法による津波高さの1・5倍程度（例えば。一律の設定ではなく、電力〔会社〕が地域特性を考慮して独自に設定する。）を想定し、必要な対策を検討し、順次措置を講じていくこととする（AM対策との位置づけ）。
○対策は、地域特性を踏まえ、ハード、ソフトのいずれも可。
○最低限、どの設備を死守するのか。
○対策を講じる場合、耐震指針改訂に伴う地盤調査を各社が開始し始めているが、その対応事項の中に潜り込ませれば、本件単独の対外的な説明が不要となるのではないか。そうであれば、2年以内の対応となるのではないか。

「津波PSA確立をまっていてはだめで、ある程度保安院で津波高さを決めて、対策を打たせていくことも必要ではないかという個人的な意見を叩き台として書き出した。佐藤均・原子力発電安全審査課長や川原修司・耐震安全審査室長などに渡して説明した」と小野は述べている。

第54回安全情報検討会（9月13日）には、審議官3人をはじめ小野ら保安院16人、JNESの安全情報部長ら17人、日本原子力研究開発機構1人が参加。津波問題の緊急度及び重要度について「我が国の全プラントで対策状況を確認する。必要ならば対策を立てるように指示する。そうでないと『不作為』を問われる可能性がある」と報告されていた。

9月28日には電気事業連合会（電事連）の総合部会で、溢水勉強会の結果を踏まえた保安院の動向が報告された。電事連とは電力会社の業界団体で、総合部会には原発担当の役員らが出席している。部会長は、東電の武黒一郎常務取締役原子力・立地本部長だった。武黒本部長は「重要課題なのでしっかりやるように」などと指示していた。

1960年代の地震学で設計された福島第一

福島第一の1号機から4号機まで、敷地の高さは海抜10メートル。非常用ポンプのある海沿いの埋立地の高さは4メートル（次ページ図）。これはいつ、どうやって決まり、誰が

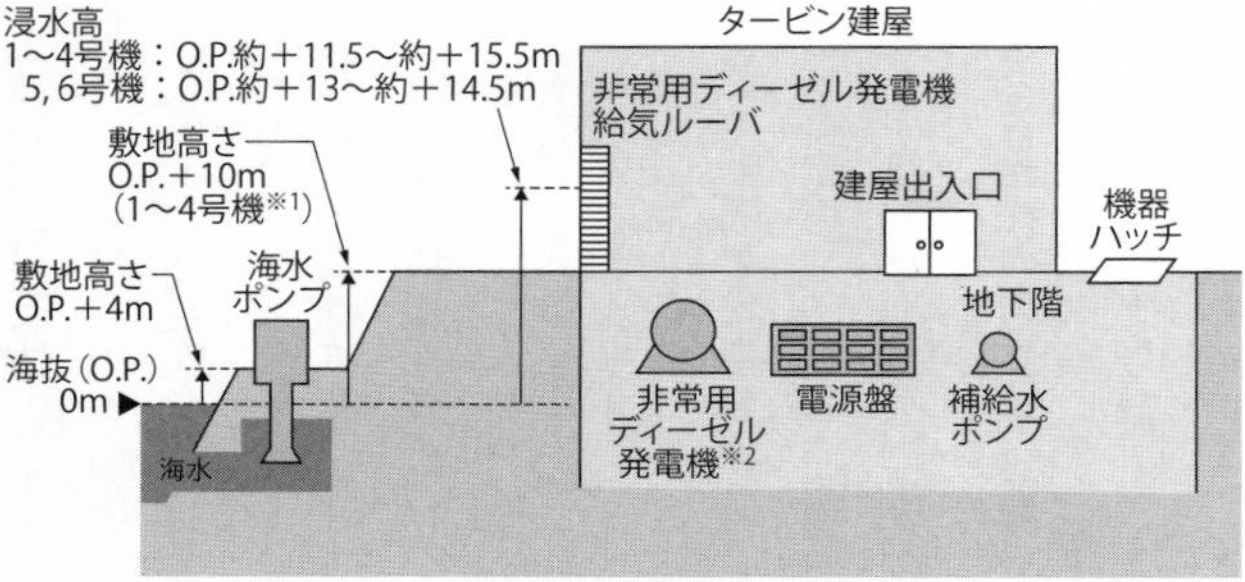

※1：5, 6号機の敷地高さはO.P.＋13m
※2：6号機のディーゼル発電機は原子炉建屋等別建屋に配置

福島第一原発の敷地高さ（東電事故調の最終報告書 p.105の図をもとに作成）

審査したのか、おさらいしておこう。

福島第一1号機の設置許可申請は、1966年に東電から内閣総理大臣あてに提出された。原子力委員会の部会に所属する13人の専門家と、通商産業省（現経済産業省）の原子力発電技術顧問会の専門家らが合同で審査。地震については8月から10月にかけて7回の会合が開かれ、合格となった。1960年のチリ津波で、福島第一から55キロも南のいわき市小名浜にある気象庁の検潮所で観測された津波3・1メートルを、想定する最大の津波として設計されている。審査当時は、今なら中学校の理科で誰もが習う、地震学の基礎となるプレートテクトニクス理論がまだ確立していない時代。どこでどんな地震が起きるのか予測するのはまだ学問的に無理な話で、過去最大（既往最大）を基本に設計していた。

過去最大も、十分長期間の記録があれば設計に役立つが、3・1メートルというのは、小名浜検潮所が設置された1951年からのわずか12年間における最大値にすぎなかった。

事故から45年前に福島第一の安全性が審査された当時、津波の記録や地震の知識はとても限られていたのだ。その不十分なデータから、福島第一は造られ、ずっとそのまま運転を続けていた。

東電は運転開始後、津波想定を2回見直していた。1回目は1994年、2回目は2002年だ。ただしこの見直しの結果が正しいかどうか、通産省や保安院、原子力安全委員会がチェックした記録はない。

2002年3月に東電から提出された2回目の見直し報告は、従来の津波想定3・5メートルを、5・7メートルに引き上げていた。保安院は「耐震設計審査指針が改定されたら、その時に正式なバックチェックとなるだろう」（2002年2月1日）として、5・7メートルの想定が妥当かどうか、調べていなかった。

設置許可申請から40年後、初のバックチェック

日本の原発は、耐震設計審査指針によって、どんな地震を想定するか、どんな強度で建屋を造るのかなどが定められていた。1978年に原子力委員会が策定した耐震指針は、

想定している直下地震の規模や活断層の定義などが時代遅れで過小評価になっており、90年代から地震学者が批判していた。しかし、電力会社の抵抗があり、指針はなかなか改定できなかった。原子力安全委員会は2001年にようやく耐震指針の見直しに着手、2006年9月19日に、新しい耐震指針が決まった。

指針改定以前に造られた古い原発もすべて、新指針に照らし合わせて耐震安全性を再チェックすることが求められた。これが耐震バックチェックと呼ばれる作業だ。

バックチェックでは、揺れに対する安全性と、津波に対する安全性を別々に調べる。新指針は、津波について「施設の供用期間中に極めてまれではあるが発生する可能性があると想定することが適切な津波によっても、施設の安全機能が重大な影響を受けるおそれがないこと」と定めていた。

「極めてまれ」について、指針改定を担当した原子力安全委員会の水間英城・審査指針課長は「1万年から10万年に1度をイメージとして持っていた」と述べている（政府事故調）。ようするに、原発は1万年から10万年に1度の津波に襲われても大事故を起こさないことを、電力会社はバックチェックで示すことが要求されていた。

「バックチェック、長くて3年である」

原子力安全委員会や保安院は、3年以内にバックチェックを終わらせる予定だった。
安全委は3年以内を強く要請していた。四国電力伊方《いかた》原発の安全性をめぐって争われた訴訟の最高裁判決（1992年）で、古い原発であっても、現在の科学技術水準に照らして安全性が確保されていなければ、設置許可は違法と判断されると指摘されていたからだ。保安院も、広瀬研吉保安院長や寺坂信昭次長ら自身が、各原発のバックチェック工程をチェックし、「このサイトはレッドカード」「ここはイエロー」と、工程期間を短縮するよう指示をしていた。

東電も、当初は2009年6月に最終報告を提出する予定を公表していた。

2006年10月6日、保安院は全電力会社を集め耐震バックチェックについて一括ヒアリングを開いた。小野審査班長は電力各社に以下のように述べていた。

「自然現象は想定を超えないとは言い難いのは、女川の地震の例からもわかること。地震の場合は裕度の中で安全であったが、津波はあるレベルを越えると即、冷却に必要なポンプの停止につながり、不確定性に対して裕度がない」

「土木学会の手法を用いた検討結果（溢水勉強会）は、余裕が少ないと見受けられる。自然現象に対する予測においては、不確実性がつきものであり、海水による冷却性能を担保する電動機が水で死んだら終わりである」

「バックチェックの工程が長すぎる。全体として2年、2年半、長くて3年である」

川原耐震安全審査室長は、こう要請した。

「津波は自然現象なので、設計想定を超える津波がくる恐れがあり、その場合には非常用ポンプの機能が失われて、そのまま炉心損傷に至る恐れもある。きちんと余裕を確保するよう、対応してもらわないと困る。バックチェックではその対応策も確認する。設備投資もしてもらわなければならないので、経営層にも伝えて欲しい」

この要請は、東電の武黒本部長まで知らされていた。武黒は、溢水勉強会で、福島第一に敷地より高い津波が襲来したら、非常用電源設備や各種非常用冷却設備が水没して機能喪失し、全電源喪失に至る危険性があるという内容も知らされていた。

しかし武黒はすぐには動かなかった。「必ずしもという認識ではなかった。可能であれば対応した方が良いと理解していた」と裁判で証言している（第32回公判）。

2007年

「余裕ゼロ」全国最悪の福島第一

２００７年1月16日、東京・大手町の経団連会館にある電事連の５０２会議室で、各電力会社の担当者が津波対応の相談をしていた。会合では、各電力会社が想定している津波高さと原発が耐えられる水位を比較し、余裕がどのくらいあるか、原発ごとに報告された（次ページ表）。

表を見ると、たとえば高浜（関西電力、福井県）では、想定される津波水位は０・７４メートル。一方、許容される水位は３・８５メートルで、余裕が３・１１メートルあった。余裕率（余裕／想定水位）は約４・２になる。

結果がまとめられた表を見ると、余裕率の全国平均は０・９６だった。これは想定水位の１・９６倍の津波が襲っても、施設や設備に影響はなく、大事故は起きないことを意味している。しかし福島第一は余裕がゼロで、もっとも余裕がなく、表中で唯一「対策実施検討」と書かれていた。

出席した東電の長澤は「具体的な対応としては、東電の福島第一で非常用海水ポンプの水密化や建屋の追設を検討することになった」と述べている（検察調書）。

東電が各社の津波対応状況をまとめた表

（2007年１月16日の電事連会合に提出したもの）

	既往最大の津波（m）	土木学会手法で想定した津波（m）	許容水位（m）	余裕（m）	余裕率（余裕÷想定した水位）	対策
泊	3.1	8.3	10	1.7	0.205	不要
女川	5.4	13.6	14.8	1.2	0.088	不要？
東通	4.3	8.8	13	4.2	0.477	不要
福島第一	3.1	5.6	5.6	0	0.000	対策実施検討
福島第二	3.1	5.2	4.2	−1	−0.192	済み（海水ポンプ室水密化）
柏崎刈羽	2.5	3.7	5	1.3	0.351	不要
浜岡	5.3	6	10	4	0.667	不要
志賀	1.4	4	11	7	1.750	不要
美浜	0.45	1.57	3.7	2.13	1.357	不要
大飯	0.8	1.86	4.65	2.79	1.500	不要
高浜	0.67	0.74	3.85	3.11	4.203	不要
島根	1.41	5.6	8.04	2.44	0.436	不要
伊方	既往津波	3.66	4.52	0.86	0.235	済み（海水ポンプ室水密化）
玄海	0.2	1.87	6.6	4.73	2.529	不要
川内	既往津波	2.69	6.13	3.44	1.279	不要
東海第二	2.59	4.55	5.8	1.25	0.275	不要
敦賀	0.61	2.23	4.67	2.44	1.094	不要

ＪＮＥＳのリスク評価　もっとも危険なのは浸水

ＪＮＥＳは、２００７年４月にある報告書をまとめた。最近発生した国内外の16の原発事故を分析し、どのような事故が原発の安全にとって深刻か、リスクを比べたものだ。スウェーデン、フランス、日本の原発で報告された、非常用ディーゼル発電機の起動失敗、海水ポンプの異常、弁の故障などの事故・故障事例のうち、もっとも炉心損傷につながりやすいものはどれか解析した結果、１９９９年にフランス・ルブレイエ原発で起きた浸水事故が、もっともリスクが高いとわかった。ルブレイエ原発は、近くの川の水位が暴風雨で上昇して扉や開口部から浸水し、電気室などが水浸しになり、一部の電気系統を失った。暴風雨のため、外部電源も途絶えていた。

ＪＮＥＳは、福島第一に同様の浸水があったらどうなるか、リスクを計算して原発名を伏せた形で報告書に載せていた。解析した別のトラブルでは炉心損傷につながる確率は１億分の１程度なのに、洪水や津波で水につかった場合に炉心損傷に到る確率だけは１００分の１より大きく、桁外れに高いリスクが明らかになっていた。

この時点で、津波のリスクは、数多い原発のリスクのうちの一つ、と片付けられないことが数値的にはっきりしていたことがわかる。

「規制機関と東電は、洪水（溢水）事象によるリスクの大きさを認識しながら、浸水した場合の対応策の検討を怠っていたと認められる」

「なぜ、浸水した場合への対応策の思考が停止してしまったのであろうか」

事故を検討した日本学術会議の小委員会は、そうまとめている。

小委員会のメンバーでもある元東芝原子力技師長の宮野廣《ひろし》法政大学客員教授は「福島第一は、津波が弱点だとリスク評価で明らかになっていた。ほかの要因に比べて明らかに差があるから、ちゃんと手を打たなければいけない。そういう判断に使えなかったのは非常に残念」と話す。

思考が止まっていたわけではなかった。２００６年2月15日に、電力会社の担当者が集まって開いた想定外津波についての会議で、設計の想定を超えた津波が襲来した場合の「影響緩和の為の対策（例）」として、東電は、

・侵入経路の防水化
・海水ポンプの水密化
・電源の空冷化
・さらなる外部電源の確保

などを挙げていた。万が一、浸水しても、事故にはつながらないようにする対策を考えてはいたのだ。ただ、それを実施していないだけだった。

小野班長、腹を立てる

保安院の名倉によると、2007年4月4日に保安院が開いた津波バックチェックに関する打ち合わせでも、小野班長は電力会社とかなり激しくやりとりしていた。こんなふうに言っていたという（第29回公判）。

「津波バックチェックでは、設計値を超えた場合、どれぐらい超えれば何が起きるか、想定外の水位に対して起きる事象に応じた裕度の確保が必要」

「1メートルの余裕で十分と言えるのか。土木学会手法を1メートル以上超える津波が絶対に来ないと言えるのか」

小野は検察の調べにこう述べている。

「2006年10月6日の電力会社一斉ヒアリングの際に、設計想定を超える津波があり得ることを前提に具体的な対策を検討してほしいと各社に指示した。それにもかかわらず、その後の電力会社の説明が実質ゼロ回答だったことを受け、『前回の一斉ヒアリングから半年も経って出した結論がこれか。電力事業者はコストをかけることを本当にいやがっている』と思うと、正直、電力事業者の対応の遅さに腹が立ちました」

２００７年６月３日付で小野は異動になり、保安院から経産省商務情報政策局製品安全課に移った。後任者への引き継ぎメモにはこう書かれていた。

「津波については自然現象であるが故の不確実性があること、津波高さ評価に対し設備の余裕がほとんどないプラント（福島第一、東海第二など）も多く、仮に津波高さが評価値を超える場合には、非常用海水ポンプ等が使用不能となることから、一定の裕度を確保するように議論してきたが、電力のみならずＪＮＥＳにおいても前向きな対応がなく（中略）、具体の対応について議論がほとんどできなかった」

メモによると、津波への対応は、小野班長のいた審査班から耐震班に移ることになっていた。その後の展開を見ると、電力会社と激しくやりあっていた小野の危機感は、耐震班には引き継がれなかったように見える。

想定を４倍超えた新潟県中越沖地震

小野の異動の翌月７月16日に、新潟県中越沖地震（Ｍ６・８）が発生し、震源断層の直上にあった東電柏崎刈羽原発は震度７の揺れに襲われた。

柏崎刈羽の揺れは、東電が設計時に想定していたより約4倍も大きかった。2005年8月の地震（M7・2）で女川原発は想定の約1・3倍の揺れだったが、それを遥かに上回る「想定外し」だった。地下の特殊な地盤構造で、揺れが増幅されたことが原因と判明した。原発の関係者は、地震について知らないことがまだ多いことを思い知らされた。

幸いなことに被害は比較的小さく、大量の放射性物質を放出するようなことはなかった。これは想定に加え、相当大きな余裕を上乗せして原発を造っていたからだ。設計で想定した揺れの何倍大きい揺れまで原発は壊れないか、安全余裕の大きさを2003年ごろ電事連が調べている。その結果、最低でも3倍大きな揺れまで余裕があり、さらに数字にはっきり表れない潜在的な裕度を加味すると、それ以上になることがわかっていた。この大きな余裕のおかげで、柏崎刈羽は想定の約4倍の揺れに襲われても、炉心が溶けて放射性物質を漏らすような大事故は引き起こさなかったのだ。

一方、津波に対する裕度は、前述のように2007年1月の調べで原発全体の平均で約2倍の裕度しかなく、福島第一はその中でも最低の裕度ゼロだった。ところがその改善に向けての取り組みに、柏崎刈羽の被害が影を落としてくる。同原発全7基が停止し、代替の火力発電の燃料費や復旧費用などがかさみ、東電は28年ぶりに赤字に転落してしまったからだ。

津波高さ7・7メートル

２００６年秋に始まったバックチェックだが、新潟県中越沖地震で「想定外し」を見せつけられたことから、揺れに対するチェックが優先された。津波の見直しが本格化したのは、東電の社内記録によると、２００７年11月からだ。

11月1日、東電土木グループの金戸《かねと》俊道《としみち》は、子会社・東電設計の久保賀也《よしなり》と打ち合わせをした。東電設計は東電が１００％の株を持つ子会社で、原発など電力施設の調査、計画、設計監理などを担っている。久保は、同社の土木本部構造耐震グループに所属し、津波計算などの技術責任者を務めていた。

この会議で久保は「地震本部の津波地震をバックチェックで取り入れないとまずいんじゃないか」と金戸にアドバイスする。２００２年8月に、保安院が計算しろと迫り、そのときは逃げ切った津波地震が、5年後になって再び東電を悩ませ始める。

11月19日、東京・新橋の東電別館で、金戸、金戸の上司である高尾ら東電社員3人と、日本原電の安保《あぼ》秀範《ひでのり》グループマネジャー（GM）ら2人が会議を開いた。

東電側のこんな発言が記録されている。

「今回のバックチェックは大々的な耐震性の評価となり（大幅な見直しが必要ならば今回

実施する必要がある)、今後の審査にあたっては推本で示された震源領域をなぜ考慮しないかという議論になる可能性がある。これまで推本の震源領域は、確率論で議論するということで説明してきているが、この扱いをどうするかが非常に悩ましい(確率論で評価するということは実質評価しないということ)」

「推本の扱いについて、東京電力内で議論をして、早めに方向性を出したい」

11月21日付の東電設計の文書「日本海溝寄りプレート境界地震による津波高さ」によると、地震本部の津波地震によって予測される福島第一の最高水位は7・7メートル。当時の設計想定5・7メートルを大きく上回っていた。まだ概略計算の段階のため、詳細計算を実施すると津波の想定はさらに大きくなると注釈がつけられていた。

日本原電の安保は12月10日、東電の高尾に電話して、長期評価の取り扱いについて尋ねている。以下のような電話メモが残っている。

推本に対する東電のスタンスについて(メモ)

(高尾課長からのヒヤ)

○推本の取り扱いについてはこれまで確率論で取り扱ってきたが、確定論で取り扱わざるをえないのではないかと考えている(酒井GMまで確認)。

○これまで原子力安全・保安院の指導を踏まえても、推本で記述されている内容が明確に否定できないならば、バックチェックに取り入れざるをえない。
○今回のバックチェックで取り入れないと、後で不作為だったと批判される。
○津波評価についても、推本で記述しているものはバックチェックに取り入れるということを、全社大で確認する必要がある（今後、土木WGで確認するという段取りか）。
○今後の進め方について酒井GMと相談する。

2007年12月11日、東京・大手町の電力中央研究所（電中研）第2打合せ室で、東電、東北電力、JAEA、電中研、東電設計、日本原電の担当者が地震本部の津波想定に関する打ち合わせを開いた。

議事録によると、各社は以下のように述べていた。

東電「推本の『三陸沖から房総沖においてどこでも津波地震が発生する』という考え方について、現状明確な否定材料がないとすると、バックチェック評価に取り込まざるを得ないと考えている」

東北「推本については社内的に検討を実施しており、本当に『どこでも起きる』として38度線をまたぐような位置に断層モデルを設定するとNGになることがわかっている。このことから、38度線でセグメントを区分し、またぐような断層モデルは考慮しないと言えれば助かる」

JAEA「推本を扱うかどうかで対策の規模が大きく異なり、推本は扱わなくて良い方向にしたいが、具体的に推本を否定する材料は現状ない」

原電「推本の扱いについては配布資料で社内的にも議論しているところであり、バックチェックで扱わざるを得ないという方向で進んでいる」

高尾は地震本部の津波地震をバックチェックに取り入れるべきだと考えていた理由について、以下のような点を挙げた（第5回公判）。

○研究者、専門家のアンケートの結果、長期評価の見解を支持する意見が過半数を超えていた。

○長期評価をとりまとめた委員会の委員長である東大・阿部勝征《かつゆき》教授が、保安院でバックチェック審査の主査をしていた。

○確率を使った津波ハザードの計算でも、福島第一の地点で10メートルを超える津波が、1年間に10万分の1から1万分の1の間になる結果が得られていたこと。

（引用者注：これは、耐震指針が備えることを求めていた「極めてまれ」と同じレベル）

高尾は「12月の上旬に、土木調査グループマネージャーである酒井さんと議論と言いますか、話し合いまして、この見解については、耐震バックチェックで取り入れるべきだということで、グループマネージャーも含めてグループ内の意見が一致したということだと記憶しております」と証言している（第5回公判）。

「社内の考え方でなく、県民目線で」新潟県中越沖地震の教訓

2007年12月5日、高尾は新潟県の柏崎刈羽原発で開かれた記者会見に出席していた。同原発の設置許可時（1977年）にはないとしていた活断層を、東電は2003年に見つけていたにもかかわらず大地震が起きるまでそれを公表していなかった問題について説明していた。記者たちからは「意図的に隠したのではないか」「住民は知る必要があったのではないか」など、厳しい質問が続いた。

この会見は、住民にリスクをどう公表するか、高尾の考え方に影響を与えたようだ。高尾はこう説明した（第5回公判）。

「耐震設計に影響を及ぼすような評価結果、検討結果の公表の在り方について、社内の考え方だけで決めるのではなくて、県民目線で判断をし、できるだけ速やかに公表するというようなことが、このときの教訓として得られたかと思います」

「〔福島第一のバックチェック業務についても〕発電所の安全性にとって重要な案件については、広く一般の目線で判断をし、かつ判断をしたことについては、できるだけ早く公表していくということが必要なのだろうと思っておりました」

2008年

「プラントを停止させないロジックが必要」

2008年2月4日、高尾の上司である酒井（土木グループGM）は、社内の機器の耐震部門を担当する長澤らにメールを送る。長澤は、前述した溢水勉強会で津波対策を検討していた担当者だ。

東電は、3月末にバックチェックの中間報告を提出する予定となっていた。内容は、

「止める」「冷やす」「閉じ込める」に関わる、原子炉建屋、圧力容器などの7つの重要設備が、地震の「揺れ」に耐えられるかどうかだけを確かめたもので、津波に対する安全性は含まれていない。しかしメールの最後には、「津波がNGになると、プラントを停止させないロジックが必要」と書いていた。

刑事裁判の証人尋問で、検察官役の指定弁護士が、酒井にこの意味を尋ねている（第8回公判）。

指定弁護士「ここはどういうことを言っているのでしょうか」
酒井「津波がNGだというのを分かっていながら、中間報告で7設備が大丈夫だから大丈夫ですよと世間に対して安全だというのは、これはちょっと、何かうそじゃないかというのは、論理的にそうなるんじゃないかと。ですから、津波がNGの場合にも、こういう設備というか、こういう機能があるから大丈夫なんだということがないと、これはよろしくないんじゃないかと」「津波がNGということになると、冷却水が取れない、それは安全性が維持できないということで、プラントを停止させるべきではないかと要請、要求、最近だと裁判というのもありますけれども、そういうときに、いや、こういうふうに考えれば、あるいはこういうふうな対応をとれば安全性は維持できるんですということが必要でしょうという意味です」
指定弁護士「地震の揺れで大丈夫でも、津波でNGとなるとプラント停止となりかねないという懸念があったということですか」
酒井「それは、原子力のここら辺で働いている人であれば誰でもわかると思いますけど」
指定弁護士「技術者として、今後の状況を見据えれば、ある意味で中間報告がうそになることを懸念していたということですか」
酒井「そうですね」

津波工学の重鎮「津波地震、考慮するべき」

２００８年2月26日午後3時、東電の高尾は、仙台市の東北大学キャンパスの今村文彦教授の研究室を訪ね、バックチェックで地震本部の長期評価を取り入れるべきかどうか、相談した。

今村は「中央防災会議でも同様の議論を行った。私も参加したが、福島県沖海溝沿いで大地震が発生するかどうかについては、繰り返し性がないこと及び切迫性がないことを理由に、中央防災会議としては結論を出さなかった。しかし、私は、福島県海溝沿いで大地震が発生することは否定できないので、波源として考慮すべきであると考える」と述べた。

中央防災会議（中防）は一般向けの防災について、方針や計画を定める機関だ。中央防災会議は2004年の専門家会合で、地震本部の予測する津波地震を防災の検討対象にしないと決めていた。過去に起こった記録がないから、正確な被害想定を作ることがむずかしいなどという理由だった。今村はその会合メンバーだったが、原発では波源として考慮すべき、というのだ。

一般向けの防災では、通常は数百年に一度の災害を想定し、対策をたてる。一方、原発では1万年から10万年に1回の災害まで視野に入れなければならない。中防が想定から外しているからといって、原発でも考慮しなくてよいとは限らないということだ。

高尾は、今村教授との面談50分後に、上司の酒井や、対策を担当する他の部署の担当者ら計11人にメールを送った。

「先生からは、『福島県沖の海溝沿いでも大地震が発生することは否定できないので、波源として考慮すべきと考える』旨ご指導いただきました」

「現在、土木Gでは津波数値計算を実施しております。概略結果がでしだい関係者に連絡しますが、大幅改造工事を伴うことは確実です」

酒井はこのメールを見たときのことをこう証言している。「今村さんがダメだと、審判が駄目だといってるので、これは厄介って、これは絶対入れなきゃ駄目なんだということで社内を説得していかなきゃならないなというふうに思いました。今村先生がこう言う以上、地震本部の見解を取り入れないとバックチェックは通らないんです」（第8回公判）。

東電の津波対策に関する指揮命令系統（2008年時点）

社長（6月から会長）	勝俣恒久
副社長　原子力・立地本部長	武黒一郎
常務　原子力・立地本部副本部長	武藤栄
原子力設備管理部長	吉田昌郎
同部　新潟県中越沖地震対策センター所長	山下和彦
原子力設備管理部　土木調査グループGM	酒井俊朗
土木調査グループ課長	高尾誠
土木調査グループ主任	金戸俊道

「御前会議」で報告

津波のバックチェックに地震本部の長期評価を取り入れることや、その結果、対策を講じる必要があることは、2008年2月16日に開かれた新潟中越沖地震対応打ち合わせの会議でも報告されていたと当時の東電幹部は検察に話していた。この会議は、当時の勝俣恒久《かつまたつねひさ》社長が出席することから、「御前会議」と呼ばれていた。

会議で配布されたバックチェック中間報告についてのパワーポイント資料18枚のうち、2枚は津波についての説明で、見直しで津波高さが7・7メートル以上になることや、対策としてポンプモーター予備品保有、建屋設置によるポンプ浸水防止、建屋の防水性の向上などを挙げていた。

「津波に関する方針について、勝俣社長や清水副社長から異論が出なかったことから、この原子力・立地本部の方針は了承されました」と酒井の上司である山下和彦原子力設備管理部新潟県中越沖地震対策センター所長は、検察に供述している（山下調書）。

その方針は、正式な意思決定機関である常務会に送られた。3月11日の常務会に報告された資料には「津波の評価 プレート間地震等の想定が大きくなることに伴い、従前の評価値を上回る可能性有り」と書かれていた。

この記述について、山下は「従来の評価を上回れば、対策が必要になることは自明ですので、事実上、津波評価の上昇に伴って津波対策を実施する方針であることが常務会にも上程されて、その点についても了承されたといえると思います」と述べている（山下調書）。

ただしこのころ東電社内では、津波想定が高くなったとしても、原子炉建屋など重要施設のある海抜10メートルの敷地に浸水することはなく、海抜4メートルの敷地に立っている非常用海水ポンプなどを津波から守る対策だけが必要と考えられていた。

「私は、ポンプの水密化や、ポンプを建屋で囲む程度の改造であれば、２００９年6月に予定されていた最終バックチェック報告までに間に合うものと考えていました」（山下調書）

15・7メートルの衝撃

３月18日、東電設計から津波を詳しく計算した結果が届いた。敷地南部では15・7メートルにもなり、１号機から４号機周辺が広範囲に水に浸かることがわかった。４号機では建屋が２メートル以上も水に浸かると予測された。

「驚きました。えっ、そんなになるのという話をしたと思います」（酒井、第８回公判）「想像を大きく上回る７・７メートルの２倍の数値であり、大変驚きました」「詳細な解析で水位が上昇する可能性は前から報告されていましたが、感覚的に、上昇するといっても８メートルとか９メートル程度の数値を想像していました」（山下調書）

武藤栄原子力・立地本部副本部長は６月10日に15・7メートルの報告を受けた。武藤副本部長は、沖合の防潮堤新設の検討や、それらの工事の許認可手続きの調査、浸水するポンプ類など機器の対策検討を指示した。「具体的な指示がありましたので、対策をとっていく前提で検討が進んでいるのだと認識していたと思います」（高尾、第５回公判）。

７月23日に、東北電力、日本原子力発電などと開いた会合で高尾は、地震本部の波源を検討していること、敷地への遡上対策として防潮堤や防潮壁の検討をしていることを伝えた。

対策先送り指示「力が抜けた」

しかし2008年7月31日、流れは大きく変わる。

この日の会合には、武藤副本部長、吉田昌郎原子力設備管理部長（のちの事故当時の福島第一原発所長）、山下センター所長、土木調査グループの酒井GM、高尾課長、金戸、機器耐震技術グループのGM、建築グループの課長らが出席。武藤副本部長は、「研究を実施しよう」と、実質的に津波対策を数年先送りする方針を伝えた。

それを聞いた高尾は「それまでの状況から、予想していなかった結論に力が抜けた。〔会合の〕残りの数分の部分は覚えていない」と証言した。

武藤副本部長は、

・バックチェックは従来の5・7メートルの水位で進める。
・地震本部の津波地震を採用するかどうかは、土木学会で検討してもらい、その後に対策を実施する。
・この方針について、有力な学者に根回しする。

と方針を決めた。

津波地震の対策をするかどうかの決定は、土木学会に送られることになった。学会が検討を始めるまでに1年、そして3年かけて議論し、結論が出るのは2012年ごろと見積もっていた。約4年間、時間が稼げる。

山下所長は、先延ばしの理由をこう説明している。

「防潮堤を設置する大規模な工事を実施することとなれば、〔最終バックチェック締め切りの〕2009年6月までに工事を完了することは到底不可能なことでした」「バックチェックの審査において、15・7メートルの津波対策が完了していないことが問題とされた場合、最悪、保安院や〔審査する〕委員、あるいは地元から、その対策が完了するまで、プラントを停止するよう求められる可能性がありました。（中略）当時、柏崎刈羽の全原子炉が停止した状況であったことから、火力による発電量を増すことで対応していましたが、その結果、燃料費がかさんだため、収支が悪化していました。そのような状況の中で、福島第一までも停止に追い込まれれば、更なる収支悪化が予想されますし、電力の安定供給という東電の社会的役割も果たせなくなる危険性がありました」

柏崎刈羽の停止で、年約5000億円燃料費が余計にかかっていた。福島まで止まって、さらに赤字が増えることを恐れていたのだ。

会合40分後の速報

7月31日の会合が終わってから約40分後、酒井は原電の安保、東北電力の津波担当をしていた松本らにメールを送っている。

東電酒井です。お世話になっております。
推本太平洋側津波評価に関する扱いについて、以下の方針の採用是非について早急に打合せしたく考えております。
・推本で、三陸・房総の津波地震が宮城沖〜茨城沖のエリアでどこで起きるかわからない、としていることは事実であるが、
・原子力の設計プラクティスとして、設計・評価方針が確定している訳ではない。
・今後、電力大〔全電力会社の取り組み〕として、電共研〔電力共通研究〕〜土木学会検討を通じて、太平洋側津波地震の扱いをルール化していくこととするが、当面、耐震バックチェックにおいては土木学会津波をベースとする。
・以上について有識者の理解を得る〔決して、今後なんら対応をしない訳ではなく、計画的に検討を進めるが、いくらなんでも、現実問題での推本即採用は時期尚早ではないか、

というニュアンス)

「もともと地震本部の見解を取り入れていかなければバックチェックは耐えられないいんじゃないかというのを、一番主張していたのは、この3社の中では東京電力で、かつ、社内的にそういう方向で調整というか説明をしていくという話をしていたのですけれども、結果的に、今まで東電が実務レベルで説明していた結果と違う方向性になったので、これはちょっと早く東北さんと原電さんに状況説明しないと、ものすごく混乱するなと思って、すぐにメールをしました」(第8回公判)

「そんな対応でいいのか」日本原電役員

東電は先延ばしを決めたが、日本原電は8月5日の常務会で、地震本部の津波地震を想定した津波対策への着手を決めた。

東電の方針転換について、2008年8月6日の社内ミーティングで説明を受けた原電取締役・開発計画室長の市村泰規は、「こんな先延ばしでいいのか、〔東電は〕なんでこんな判断するんだ」と述べ、その場は気まずい雰囲気になったという(安保の検察への供述)。

安保は酒井から、東電の方針転換について、こう聞いていた。「柏崎刈羽も止まってい

るのに、これで福島も止まったら経営的にどうなのかって話でねなどと言っていたように思います」（同）

「世間がなるほどと言う説明を思いつかない」

方針転換について高尾は、8月11日に社内の関係者に「世間（自治体、マスコミ…）がなるほどと言うような説明がすぐには思いつきません」とメールを送った。酒井は「地元の方とか自治体の方とか、それは、普通、一国民として考えたら、心配だったらすぐ対策とればいいじゃないかということだと思うので、なかなかなるほどというような説明がすぐに思いつかないというのはその通りだと思った」と証言している。

酒井は、土木学会で検討するという7月31日の武藤の指示について、指定弁護士から「感覚的には時間稼ぎをしたと受け止めていたのではないか」と問われ、「まあ、そうかもしれないですね」とも答えている。

金戸は、こう証言した。

「地震本部の見解というのは絶対〔津波が〕起きると言われているものでもなかったですし、どちらかというと消去法というか、起きる可能性が否定できないという見解だったので、そういったことをいろいろ考えて経営判断したと、そういうふうに受け止めたので、その考えには我々は従うべきだろうなというふうに、そのときは思っていました」
裁判官「証人のお話ですと、長期評価を踏まえた対策工事は、いずれはやらなくてはいけないものだろうということですけれども、時期を、早くやらなくてはいけないというか、そういった意識は、当時は余り高くはなかったんですか」
金戸「切迫性、あるいは近い将来に起きますよという情報は、なかったですし、もちろん、それを１００年放っておいていい話ではないと思うのですけれども」「直近の数年の間に何かものを作って対策するというところまではやる必然性は特になくて、いずれ、きちんと、まあ、多少、2、3年というスコープが5年10年になるかもしれませんけれども、そういった範疇《はんちゅう》の中できちんと対策をしていけば、それはそれで間違っていることではないというふうに私は思っていました」

「津波対策は不可避」

9月10日午後1時15分から、福島第一の第二応接室で、耐震バックチェックの進め方について説明会が開かれた。出席したのは、本店から山下センター所長、土木調査グループの金戸ら7人、福島第一からは小森明生所長ら18人だった。
この日の議事メモに、津波については「機微情報のため資料は回収、議事メモには記載しない」と書かれている。酒井は説明会2日前、資料を作成した金戸に「真実を記載して資料回収」とメールを送っていた。

「会議後回収」と右上に大きく書かれた資料（刑事裁判の証拠文書）では、地震発生約46分後に、福島第一の敷地南部から高さ10メートルの敷地に津波が遡上し、4号機建屋付近は2・6メートル浸水するという計算結果が示されていた。また今後の予定として、津波地震への対処を事実上先延ばしする方針も示し、最後に「ただし、地震及び津波に関する学識経験者のこれまでの見解及び推本の知見を完全に否定することが難しいことを考慮すると、現状より大きな津波高を評価せざるを得ないと想定され、津波対策は不可避」と書かれていた。

「地震本部の見解を取り入れないという今後の展開というのは考えにくくて、そうだとすると、かなり津波の水位が大きくなることはもう分かっているので、対策をいずれ何かしなきゃならないということを伝えようとして書いている文章だと思います」。資料を作成した金戸は、こう証言した（第18回公判）。

指定弁護士の「7月31日の決定の後もこのような記載を入れたのは、なぜですか」という質問には、「現実といいますか、実際の状況を正しく伝えようとしているだけだと思います」と答えた。

学者へ「根回し」

津波対策を先送りするため、さまざまな工作に東電は着手する。その一つが、学者への根回しだった。地震本部の津波地震を取り込まず、土木学会で4年かけて検討してもらってから対策を講じると東電が勝手に決めたところで、最新の研究成果を取り込むことになっていたバックチェック最終報告（２００９年6月予定）の審査の場で、学者の委員や保安院がその先延ばし方針を納得しない可能性があったからだ。

「武藤副本部長は、その可能性を排除するために、東電の方針については、有力な学者に説明して、その了解を得ることと言って、いわゆる根回しを指示しました」（山下調書）

学者の委員に「根回し」して、政府の規制を自分たちに都合よく変える手法を、武藤は放射線防護の分野でも行っていたことを、国会事故調は電事連の資料から明らかにしている。電力業界の常套手段なのだろう。

「保安院の職員の了解はいらないのですか」という検察官の問いに、山下は「保安院は委員の意向を重視するので、委員が了解さえしてくれれば、保安院も、委員の判断に従ってくれるものと考えていたと思います」と答えている。

高尾が中心になって、10月に学者の根回しに足を運んだ。高尾は「その辺りからはもう

専門家に津波バックチェック（BC）方針を根回しした結果

専門家	関係するWG	津波BC方針へのコメント	結果	その他
日大 首藤教授	• 土木学会津波評価部会主査	今回のBCは青本ベースで行い、改訂後改めてバックチェックする件、承知した	◎	（省略）
東北大 今村教授	• 地震・津波、地質・地盤合同WG委員 • Aサブ WG（福島、東海、志賀、伊方）委員 • 土木学会津波評価部会委員	推本の津波については、今回のバックチェックで波源とし考慮しなくてもよい。BCでは扱いにくく、かなり過大で、非常に小さい可能性を追求するのはどうか	◎	
秋田大 高橋准教授	• 地震・津波、地質・地盤合同WG委員 • Bサブ WG（泊、東通、女川、川内、玄海）委員 • 土木学会津波評価部会委員	日本海溝沿いの津波地震や大規模正断層地震について、推本が「どこでも発生する可能性がある」と言っているのだから、福島県沖で波源を設定しない理由をきちんと示す必要がある	△	
東大 佐竹教授	• 土木学会津波評価部会委員	当社方針に対し、否定的な意見はなかった。三陸沖と福島沖以南では、地震発生様式が異なる点については肯定	○	

筆者注：下線は長期評価の影響が大きい原発を示していると思われる
　　　　青本＝2002年の土木学会手法

淡々と、その方針にしたがって説明を進めていったということだと思います」と証言している（第5回公判）。

その成果一覧が、11月13日に東電社内で開かれた会議で報告されている（表）。結果が「△」とされた高橋智幸《ともゆき》秋田大准教授は10月23日午後、高尾と、東北電力の2人と東電の会議室で面談していた。

議事録によると、高橋准教授はこう話していた。

「地震本部が津波地震をどこでも発生する可能性が

あると言っているのだから、福島県沖で波源を設定しない理由をきちんと示す必要がある」

「地震本部が言っている以上、考慮しなくて良い理由を一般の人に対して説明しなければならないと考える」

これに対し、高尾は土木学会で3年かけて審議後、設備改造を視野に入れていると、繰り返し述べた。「やりとりの間、非常に緊迫したムードだった」と高尾は議事録に書いている。

表を見るかぎり、高橋准教授を除いては、東電は根回しに成功していたことがわかる。専門家としての責任が問われるのは、バックチェックの審査を担当していた今村教授だろう。審査対象の東電と、非公開の場で1対1で会い、審査の方向をあらかじめ定めてしまったからだ。酒井は「7月31日に武藤さんが研究するべきだと言っていたとしても、それは、今村さんがだめだと言うんですからということで、振り出しに戻る可能性はあると思っていました」と証言している（第8回公判）。

筆者の取材に対し、今村教授は以下のようにコメントしている。

「津波工学の専門家として、企業、行政（国、自治体）・団体からの打ち合わせ・相談の依頼については、時間の許される限り応えることにしております。このような打ち合わせ・相談（結果）をどのように位置づけをするかは各社さん等の判断であると認識しております。当時東電の酒井氏の発言は、事故回避可能性については憶測です。推本の津波評価をどのように扱うかは、ご指摘のように保安院の耐震バックチェックにかかわる他の分野（機電、安全システム等）の専門家も含めて委員会の場で審議し合議して決めるべきテーマであると認識しており、当然、私個人の考えだけで決められるものではないことは十分に理解しております。従って、東電との打ち合わせの際には、個人的意見を求められましたので、『疑問の多い評価なので、バックチェックで審議することが難しい』と述べたに過ぎません。東電の文書にある表現は正確ではありません」

貞観地震も先延ばし　東北電力の報告書を書き換えさせた

学者の根回し結果が報告された11月13日の会議で、東電は別の重要決定もしていた。津波地震とは別のタイプの地震「貞観《じょうがん》地震」も、バックチェックに取り入れないと決めたのだ。

貞観地震は、平安時代（８６９年）に宮城県沖で発生した大地震だ。古文書にわずかに記述が残されているだけで地震の実態はよくわかっていなかった。２００５年８月に宮城県沖でM7・2の地震が発生したのをきっかけに、文科省が大学などに委託し、研究が一気に進められていた。海沿いの田んぼなどを掘り下げると、過去の大津波が運び込んだ海岸付近の砂が「津波堆積物《たいせきぶつ》」と呼ばれる地層として残されていることがある。それを手がかりにした。

2007年には東北大学が、福島第一から約5キロの地点（浪江町請戸《うけど》）で、東電の想定を大きく超える津波が、過去4000年間に貞観地震を含めて計5回起きていた痕跡《こんせき》を見つけていた。

2008年8月18日に酒井は、高尾、金戸にメールを送っている。「推本は、十分な証拠を示さず、『起こることが否定できない』との理由ですから、モデルをしっかり研究していく、で良いと思いますが、869年〔貞観地震〕の再評価は津波堆積物調査結果に基づく確実度の高い新知見ではないかと思い、これについて、さらに電共研〔土木学会への委託〕で時間を稼ぐ、は厳しくないか？　また、東北電力ではこの869年の扱いをどうしようとしているか？」

貞観地震の津波堆積物による研究は地震本部の津波地震より確実度が高く、時間稼ぎで逃れるのが厳しいのではないかと、酒井が認識していたことがわかる。

東電は2008年10月17日に貞観地震について最新の論文を入手し、それをもとに東電設計が津波水位を計算した。11月12日に東電設計から届けられた「貞観津波の数値シミュレーション結果（速報）」によると、津波水位は津波地震の水位予測より高くなる可能性があり、対策はさらに難しくなりそうだった。

11月13日の社内会議には、原子力設備管理部長の吉田、酒井、高尾、金戸らが参加した。そして貞観地震についてもすぐには対応せず、地震本部の津波地震と同じように、土木学会で研究してもらうことを部として決めた。

ところが問題があった。東北電力が貞観地震の最新の研究成果を取り入れ、女川の津波想定を見直す報告書（バックチェック最終報告書）をすでに完成させていたのだ。そこで東電は、圧力をかけて東北電力の報告書を書き換えさせる。東北電力の担当者は検察の調べに「東電は、当社が確定的に貞観津波を耐震バックチェックで扱うと、それが先例になってしまうことを恐れたのだと思います」と述べている。

貞観地震が再来した場合、女川は耐えられるものの、福島第一は炉心溶融を引き起こすと予測された。東北電力の報告書が提出されて公表されると、東電は早急な対策を迫られる。それを避けたかったものと見られる。

こんなメールのやりとりが残っている。

「本日、津波バックチェックについて、社内の方針会議を実施し、869年貞観津波については、バックチェック対象としない方針としました」（東電・高尾→東北電力11月13日）

「当社は、保安院からの指示もありバックチェック報告書には記載することで報告書を完成しております。当社が記載することについて不都合ありますでしょうか。記載しないとなりますと、保安院指示もありましたことから明確なロジックが必要と考えております」（東北電力→東電・高尾 11月14日）

東北電力は、①女川の建設時から貞観地震を考慮してきたこと、②津波堆積物にもとづく最新のデータについても長谷川昭《あきら》東北大学教授から「新知見として評価すべき」と言われていたこと、③保安院からの指示もあったこと、を貞観地震をバックチェックに取り入れる理由にしていた。保安院からどのような指示があったかは、わかっていない。

「869年津波の件、福島サイトへの影響が大きく、福島のバックチェック報告時の対応が時間的に間に合わない状況です。（中略）御社がバックチェックで報告する場合、当社の方針と異なり、社内上層部まで至急話をあげる必要がありますので、再度御社の方針をご確認させていただきたく思います」（酒井→東北電力 11月17日）

「弊社からは大内や田村からお話したとおりとしか言いようがないのですが、うまい落とし所は考える必要があると思っています」（東北電力→酒井 11月25日）

「東北電力さんが同一歩調であるのが最も当社としては望ましいのですが、やはり、869年津波について女川（安全審査）ベースでは話にならない、ということであれば、東電スタンスとの整合で、あくまでも『参考』として提示できないか、という趣旨です」（酒井→東北電力 11月28日）

結局、東北電力は「東電の依頼に応じて、バックチェック報告における貞観津波の言及を参考にとどめることに決めました」（東北電力・田村雅宣の検察への供述調書による）。東北電力は、「当初の津波BC報告書（案）」と「東電に配慮した津波BC報告書（案）」（表記は東北電力によるものそのまま）の対比表も作っていた。

福島県の要望に「問題ありだせない」

東電は、2008年3月に代表プラントとして提出した福島第一5号機のバックチェック中間報告書に続いて、残りの福島第一1〜4、6号機の中間報告、そして最終報告を提出する作業を進めていた。当初は全機について「2009年6月までに、津波評価を含む最終報告を提出する」と公表していた。

ところが2008年12月8日に、東電はバックチェックを延期することを公表した。前年の新潟県中越沖地震で柏崎刈羽が想定を超える揺れに襲われたことをバックチェックに反映する、という名目だった。

延期を福島県庁に伝えにきた東電社員に対し、福島県原子力安全対策課の小山吉弘主幹は、「中越沖地震と関係ない部分は、すでに報告書はまとまっているのではないか」「津波評価だけでも早く公表すべきではないか」と訊いたという。小山は、東電が2002年に津波想定を5・7メートルに変更したにもかかわらず、原子炉の安全確保に不可欠なポンプが海抜4メートルの地盤にむき出しで置かれたままのことを気にしていた。

福島県からのこの要望は、勝俣恒久東電会長らが出席して2009年2月11日に開かれた「中越沖地震対応打合せ（通称・御前会議）」の資料にも以下のように明記されていた。

「中間報告にあたり、福島県から下記の要望　最終報告が遅れる理由（床の柔性）の影響を受けない事項は、出来る限り提示してほしい」

その会議資料には、福島県の要望に応じて、津波の報告を延期せずに出すことも可能と書かれていた。しかし、会議に出席して議事メモを作成していた東電社員は、津波の項目の横に「問題ありだせない（注目されている）」と鉛筆で書き込んでいた。

「この記載の意味は何ですか」という検察官の問いに、社員は「資料についても、センター長の説明も記憶にありません。津波の何が問題なのか、どこに出せないのか、また、誰に津波を注目されているのか、意味は全くわかりません」と述べていた（東電・原田友和の検察調書）。また、刑事裁判の公判で、勝俣元会長らも、この会合の状況について「記憶にない」「資料は読んでない」と繰り返し述べていた。

しかし経緯から考えると、「注目されている」という書き込みは、福島県からの申し入れに関わっていた可能性が高い。

「根回し」から漏れた専門家

「〔東電の想定とは〕全く比べ物にならない非常にでかいもの〔津波〕がきているということは、もうわかっている」

２００９年6月24日、バックチェック中間報告を審査する専門家会合を保安院は開いた。その席で、産業技術総合研究所（産総研）活断層・地震研究センターの岡村行信センター長は、東電のバックチェック中間報告（２００８年3月）で貞観地震の想定が不十分だと厳しく何度も指摘した。

少々ややこしいが、バックチェック中間報告は「揺れ」だけを対象にしている。津波にはもともと触れていない。岡村は、東電が貞観地震の揺れを軽視していることを問題としたが、それに関連して、貞観地震が大津波を引き起こした事実を強調していた。

酒井は会合が終わってから約2時間後に、以下のようなメールを武黒副社長、武藤常務、そのほかバックチェックに関わる社内の土木、建築、機電の関係者計約20人に送っていた。

「岡村委員から、プレート間地震で８６９年の貞観地震に関する記載が〔中間報告に〕ないのは納得できない、とコメントあり。（中略）津波評価上では〔土木〕学会でモデルの検討を行ってから対処する方向で考えていた地震。その方向性でよいことは津波、地震の関係者にはネゴしていたが、地質の岡村さんからコメントが出たという状況」

酒井の言う「ネゴ」とは、前年7月31日の会合で、武藤副本部長から指示された学者への根回しのことだ。「津波は土木学会で2012年までかけて検討してもらう。それに基づいて対策する」という東電の津波対応を学者に了承してもらうことである。これは、土木学会の審議が終わる2012年までは待ってくれ、保安院の公開の審議会で、津波問題を持ち出さないでほしい、という意味も含まれていた。

岡村は「ネゴ」対象のリストから漏れていた。そのため、岡村は東電の望みどおりには振る舞ってくれなかったのだ。

「〔貞観地震を〕バックチェック最終報告で対応するとなると設備対策が間に合わない。現在提案されている複数のモデルのうち、最大影響の場合10メートル級の津波となる」とも酒井はメールで報告している。

刑事裁判で、遺族の代理人弁護士は「酒井氏のメールの宛先は武藤と武黒であり、保安院のバックチェック審査で福島の津波がクローズアップされてきたのであるから、この時点でも役員が『そんな対応は安全第一とは到底いえない、きちんと対策を急ぎなさい』と指示すれば津波対策に取りかかるきっかけとなり得たはずである」と指摘している。

「責任が追及されるから」嘘をついた小林保安院室長

保安院の耐震安全審査室長だった小林勝は、「津波対応を指示しなかった責任を問われると考え、政府事故調の聴取に嘘をついていた」と検察に告白している。

6月の専門家会合で貞観地震の取り扱いが問題になったことから、保安院は東電の担当者を呼び出して津波想定について尋ねた。9月7日午後5時、東電の酒井、高尾、金戸が小林室長、名倉審査官に会って、貞観地震の津波を計算すると福島第一を襲う高さは約9メートルになると報告した。地震の大きさにはばらつきがあるため、津波対策では過去最大の津波に少なくとも2〜3割の余裕を上乗せして想定しなければならない。つまり、この時点で、敷地（10メートル）を超える津波の対策が必要だとはっきりしていたことになる。前述のとおり、当時福島第一は5・7メートルまでの津波にしか対応できていなかった。

小林室長は、この日の東電との会合に「出席していない」と政府の事故調査委員会には話していたが、実際には最初から最後まで出ていたと検察に供述していた。

「当時、私は、保安院の原子力発電安全審査課耐震安全審査室長という管理職の立場にあり、そんな自分が東電から試算結果について直接報告を受けたにもかかわらず、その後保安院として具体的な対応策を指示しなかった以上、私の責任が追及されると考えたのでした」。嘘の理由について、小林はこう説明している。

貞観地震の津波対策を、バックチェックには含めず、土木学会で時間をかけて検討するという東電の説明に、小林は「そんなことが実際にできるのだろうかと疑問に思いました」とも供述している。「なぜ、東電・酒井らに意見を言わなかったのか」という検察官の問いに、「恥ずかしながら、当時は私自身、異動からそれほど時間が経っていないこともあり、勉強不足のため東京電力側を説得できる自信がありませんでした」と答えている。

小林は、この会合の2か月前に、安全審査室長になったばかりだった。

「あなたも名倉も明確な反対意見を述べなければ、東電は自分たちの主張が受け入れられたと理解し、主張どおりに事を進めていってしまうのではないか」という検察官の問いには「仮にそうなった場合でも、いずれバックチェック最終報告に対する審査の段階で、専門家の方々が適宜指摘されるだろうと思ったのでした」と述べていた。

小林は「専門家が指摘するだろう」と自分の責任を放棄し、一方で専門家たちは東電の根回しで沈黙していた。津波リスクへの対応がずるずると先送りされた仕組みがよくわかる。

「資源エネルギー庁に非難されるから」保安院は東電に迎合した

9月7日の会合では、もう一つ気になる点がある。東電が作成したこの日のヒアリングメモには、保安院の発言としてこう記されていた。

「JNESのクロスチェックでは、女川と福島の津波について重点的に実施する予定になっているが、福島の状況に基づきJNESをよくコントロールしたい（無邪気に計算してJNESが大騒ぎすることは避ける）」

東電が、東北電力や日本原電に会合の様子を報告したメールには、保安院のコメントとして「JNESのクロスチェックでは、女川と福島の津波について重点地区としており、そろそろ女川に着手する予定。クロスチェックにおける貞観津波の扱い・位置づけを変更するよう保安院で今後調整する」とも書かれていた。クロスチェックとは、電力会社の津波想定が適切かどうか、JNESが地震の想定の妥当性から再確認し、津波の高さを検証することだ。検察の調べに、JNESのクロスチェックとりまとめ役だった小林室長は、「東電は『JNESのクロスチェックは厳しいので、何とかならないか』と愚痴めいたことを言っていた」と供述している。

ただし「名倉は『貞観地震津波については、うまくJNESと連絡を取っていきたい』と発言したにとどまり、『コントロール』とか『大騒ぎすることは避ける』とか『扱い・位置づけを変更する』などといった発言をしたことはない」と言い、東電のメールに書かれた記述を否定している。東電が実際のやりとりを誇張した部分があるというのだ。「ただ、『うまくＪＮＥＳと連絡を取っていきたい』という発言自体、東電側に一定程度迎合していると受け止められても仕方がないとは思います」とも述べている。

ヒアリングメモに書かれている「福島の状況に基づき」とは、東電が福島第一でプルサーマル計画を進めようとしていたことを指している。核廃棄物として排出されるプルトニウムを核燃料のウランに混ぜて原発で燃やすのがプルサーマル計画だ。国策の核燃料サイクルを維持するために、経産省はこの計画を推進してきた。福島第一では１９９０年代後半から計画が持ち上がっていたが、東電の不祥事などで延び延びとなっていた。２００９年6月19日に、東電の皷紀男《つづみのりお》副社長が福島県を訪れ、プルサーマル計画の議論再開を求めていた。皷は「プルサーマルには発電所の耐震安全が確保されてないといけないということで、耐震安全の報告ができたのでこの機会にお願いした」と説明している。

この日、東電は福島第一1～4号機と6号機について、バックチェック中間報告を提出した。5号機は２００８年3月に提出していたので、これでようやく中間報告がそろった。その機会にあわせて、ということだった。

しかし、皷は「耐震安全が確保された」と述べているものの、中間報告では、津波への安全性は確かめていない。福島県の佐藤雄平知事は、２０１０年2月に、プルサーマル計画を実施する条件として、国に耐震安全性の確認を求めた。

保安院の森山善範審議官は、同年3月24日に、部下にメールを送っている。

「〔プルサーマル計画を実施する〕福島第一3号機の耐震バックチェックでは、貞観の地震による津波評価が最大の不確定要素である旨、院長、次長、黒木審議官に話しておきました」「福島は、敷地が余り高くなく、もともと津波に対しては注意が必要な地点だが、貞観の地震は敷地高を大きく超えるおそれがある」「福島第一3号機について、仮に中間報告に対する保安院の評価が求められたとしても、一方で貞観の地震について検討が進んでいる中で、はたして津波に対して評価せずにすむのかは疑問」「というわけで、バックチェックの評価をやれと言われても、何がおこるかわかりませんよ、という趣旨のことを伝えておきました」

森山は、このメールについて、検察にこう説明している。

「貞観地震について審議が活発化すれば、2010年8月に予定していたプルサーマル実施までに審議が終了せず、福島県知事が求めていた耐震安全性の確認が間に合わない可能性がありました」「結果的に評価が間に合わなくなった場合に、プルサーマルを推進する立場の資源エネルギー庁等から非難される可能性がありました」

小林室長は、「〔小林の上司の〕野口哲男・原子力発電安全審査課長の前々職は、資源エネルギー庁のプルサーマル担当の参事官。当時の野口課長の関心は、プルサーマルの推進であり、耐震評価についてはあまり関心がなかったようであった」と政府事故調に述べている。

2010年

JNES、クロスチェックで貞観津波を計算

前述したように、東北電力は2008年11月には津波のバックチェックを終えていた。貞観地震の津波も計算していたが、東電からの圧力を受けて、報告書から断層モデルの図や、どの論文を根拠に数値計算したかなどの記述を削り、貞観津波を参考扱いにして目立たない記述にとどめた。その津波の結果を含む東北電力のバックチェック最終報告書は、1年数か月後の2010年春に、保安院に提出されたと見られている。報告書をまとめてから提出まで、長い空白期間があった理由はわかっていない。

保安院は2010年4月30日付で、JNESに東北電力の最終報告書をクロスチェックするよう指示した。保安院とJNESが4月28日に開いた会合で、東北電力のバックチェック最終報告書を検討した結果として、「事業者報告書では、評価における貞観津波の解

析の位置づけが明確でない。（参考として解析を実施しているが、想定津波としては考慮されていない）」「869年貞観津波を、想定津波の一つとして検討する必要がある」と書いている。そして、東北電力は貞観津波について一つのモデルでしか計算していなかったが、JNESは4つのモデルを使って貞観津波の高さを計算し、女川に影響がないことを確かめていた。

東電の根回しもむなしく、この時点で、保安院やJNESは貞観地震による津波を、原発が想定しなければならないものと判断していたことがわかる。

多様な対策を進めていた日本原電

日本原電は、2008年8月5日の常務会で、津波対策への着手を決め、着々と進めていた。東電に配慮して、バックチェック最終報告書は従来の土木学会手法や地元茨城県の津波想定でまとめ、実際の対策は地震本部の津波地震に備える形で進めた。最終報告書にこっそり上乗せした対策を進めていたのだ。

計算によると、地震本部の津波地震が起きると、津波は敷地に遡上し、原子炉建屋の周辺部は85センチ浸水することがわかっていた。そこで、日本原電は「津波影響のある全ての管理区域の建屋の外壁にて止水する」という方針を決める。敷地への浸水をゼロにする旧来の「ドライサイト」と呼ばれる方針は採用せず、多様な対策を組み合わせて、原子炉の停止、冷却、閉じ込めに必要な設備や建屋を守ることをねらった。工事で不要になった泥を使って海沿いの土地を約2メートル盛土し、防潮堤の代わりにして津波の遡上を低減。それでも浸水は完全には防げないため、建屋の入り口を防水扉や防水シャッターに取り替えたり、防潮堰を設けたりする対策を施した。これらは2009年9月までには完成していた。

また、海辺にあるポンプ室の側壁の嵩上げも実施した。ただし、津波から受ける力との兼ね合いで限度があり、津波地震に耐えられるほど側壁は高くできなかった。そこでポンプの機能が失われた場合でも電源を失わないように、2010年に着工した緊急時対策室建屋の屋上（標高約22メートル）に設置した空冷式の緊急用自家発電機から、原子炉建屋に電源ケーブルをつないだ。これで原子炉と燃料プール注水に必要な電力を確保できる。この発電機が使えるようになったのは、大地震の一か月前、2011年2月だった。

ただし、日本原電は津波対策を非公開で進めていた。日本原電が対策を進めているのに東電は先送りしていることが福島の地元で知られてしまうと、東電に迷惑がかかるという配慮からだった。

東電の対策遅れにあせった高尾

「原電さんが地震本部の津波について対策を考えているという話を聞いて、高尾さんが、東電の検討がだいぶ遅れていると、かなり危機感をもったのが、きっかけ」（金戸、第18回公判）

他社より津波対策が遅れていることを知った高尾の提言で、2010年8月に「福島地点津波対策ワーキング」という組織が東電社内に設けられた。

ワーキングは、本店原子力設備管理部のもとにある津波対策に関わる土木調査グループ、機器耐震技術グループ、建築耐震グループなどが参加して立ち上げられたものだ。

2008年から検討されていた津波対策は、各部署がばらばらに海水ポンプや建屋の水密化などを検討していた。高尾は「全体がわかる人がキャップになって有機的に結びつけて検討する必要があると考えた」「将来的に対策工が必要になる可能性は高い。そのために早期に検討、工事を行う必要がある」としてワーキング構想を上司に進言した。

しかし、2009年6月ごろ1回目に提案したときは、「そのような会議体は不要である」と上層部は拒否。高尾は「最適化されているように見えなかったので進言したが、ちゃんとやっているという回答だったので、甘受するしかなかった」、金戸は「なんで早く進まないんだろうなとちょっとフラストレーションがたまるような感じでしたね」と証言している。

高尾は2010年7月に土木調査グループのGMに昇任したのち、一旦つぶされた構想をふたたび提案。そのころ直属の上司らも交代していたことも要因になったのか、ようやくワーキングが発足した。

しかし、ワーキング発足の後も、「機器配管が濫立しており、非常用海水ポンプのみを収容する建屋の設置は困難」（建築耐震グループ）など悲観的な報告が続くばかりだった。「解決困難でも止めないことと、土方さん（高尾の上司）は怒っていました」と金戸は証言している。

2011年

バックチェック、2016年まで先延ばし

2006年9月にバックチェックを始めたときは、東電は2009年6月までに終える予定と発表していた。それはずるずると引き延ばされ、2011年時点ではバックチェック終了は2016年としていた。それは公表していなかった。

刑事裁判で、勝俣恒久元会長は、東電の津波対応が遅れている認識はあったと認め、こう証言している。

「東電は日本最大の17基の原発を持つ。バックチェックで津波は少し遅れても、やむを得ないと考えていた」

「よくわかりませんけれど、〔バックチェックのスケジュールが〕後ろに延びていった気がします」

こうして、もともと津波への余裕のなさが国内最悪だった福島第一の対策は、他社の原発よりさらに遅くに延ばされた。保安院も、貞観地震の問題が露見してプルサーマル計画が遅れるのを恐れ、東電の先延ばしを助けていた。東電、保安院に、「もし、先延ばし中に津波が起きたら」という住民の立場からの視点はなかった。

地震本部の報告書を書き換えさせる

地震本部は2002年に発表した日本海溝沿いの予測について、2009年から改訂作業を進めていた。ほぼ完成した2011年3月3日、地震本部の事務局である文科省は、一般に公表する前に、この報告書を東電と日本原電、東北電力に見せた。

同日の午前10時から文科省6階の会議室で開かれた会合には、文科省から地震・防災研究課の北川管理官ら3人、東北電力から4人、日本原電から2人、そして東電からは高尾ら3人が出席している。

改訂では、新たに貞観地震について盛り込まれることが決まっていた。東電は文科省に対し、貞観地震のリスクがまだ不確実であると読めるように、報告書を書き換えるように要請した。文科省はそれを受け入れて、専門家の委員に諮ることなく、報告書を修正していた。ただし8日後に東日本大震災が発生したため、実際には公表されなかった。

書き換え依頼をしたことを4日後に聞いた保安院の小林室長は、こう供述している。

「東電側からは、貞観地震の震源はまだ特定できておらず、波源モデルも確定していないことが読み取れるよう、推本事務局に対し、長期評価における記載を工夫してほしい旨依頼した。推本事務局も、波源モデルが確定していないことは認識していました、という旨の説明がありました。しかしながら私としては、一電力事業者に過ぎない東京電力が、国の機関である推本が発表する長期評価の記載ぶりに注文を付けるのはいかがなものかと思い、憤慨してしまいました」

事故4日前 9年後の回答

3月7日午後5時から、保安院の小林室長、名倉審査官ら5人、東電から高尾ら4人が出席して会合が開かれた。

地震本部の長期評価に基づくと、敷地を上回る15・7メートルの津波が予測されることを東電は説明した。長期評価にもとづく数値は、２００２年8月に保安院が計算を要請し、高尾が当時、40分間抵抗して計算を拒んでいたものだ。それが9年後に初めて、保安院に報告された。

また貞観地震が再来した場合も、取水口前面では津波地震と同程度の水位が予測されていることを示した。

保安院は、津波地震より貞観地震に注目していた。翌月には地震本部が長期評価を改訂し、貞観地震が再来する危険性について地元住民に広く知らせる準備を始めていた。その際、東電に忖度した保安院の対応が問われると恐れていた。検察調書や政府事故調の記録によると、やりとりはこんな様子だった。

名倉審議官は腹を立てた様子で、こう言った。

「近々、女川原発の最終バックチェックが予定されており、その審議で貞観津波の検討を指摘される可能性がある。そうなると、女川はもつからよいものの、では福島はどうかということになりかねず、場合によっては保安院として検討を要請する可能性もある」

小林室長「これは、早く工事しなきゃダメだよ」

東電「2012年10月の時点で、工事完了とまではいかなくても、方針だけは決められるよう検討を進めている」
小林室長「そんな悠長なことではだめだぞ。それでは遅いぞ」

ただし、高尾は「長期評価の欄の数字を見て、多少驚いていたような感じはありましたけれども、全体的には普通の打ち合わせで、多少厳しめの口調の部分もありましたけれども、一般的なヒアリングという感じだったと思います」と振り返っている。
検察官の「長期評価の数値は15・7メートルといったかなり高い数値が記載されているが、これを踏まえ、保安院としてすぐに対策を取るよう指示したことはあったのか」という問いに、小林室長は「いいえ、ありませんでした。当時は津波に対する危機意識が高くなく、切迫性を感じていませんでしたし、今後行われる耐震バックチェック最終報告において、専門家である委員の方々により、対策の要否が検討されるのだろうと考えていました」と答えている（検察調書）。

ヒアリング終了から約93時間後、福島第一を15・5メートルまで遡上する津波が襲った。
津波想定に関わる東電の社員や保安院の職員らは、原発を大きな津波が襲ってもおかしくない、その可能性を否定する根拠はないと知っていた。ただし、すぐに起きるとは想像していなかった。

「2007年に柏崎刈羽で想定を上回る地震を経験しており、そう何度も想定を上回る事象が生じることはないだろうと思い込んでいました」（山下調書）

しかし、過去400年に3回発生している津波地震や、400年から800年に一度発生していた貞観地震タイプの地震が、バックチェックを先延ばしした数年の間に「起きない」という保証は、どこにもなかったのだ。

東電の津波想定担当者、事故の日

3月11日、高尾は新潟県庁に出張中だった。

「大きなショックを受けました」

「とても残念な気持ちだった」

「長期評価の見解は、バックチェックに取り入れるべきだったと考えておりますけれども、3月11日に来た津波は、さらにそれよりも大きなもので、それはもう、我々が2008年から計算したものとは違うものだったと思います」（第6回公判）

酒井は、東京・新橋の東電建設部オフィスで打ち合わせをしていた。

「非常に驚きました。あの段階で対策をとったとしても間に合わなかっただろうなとは、合理的には思っていましたが、それは人間ですから、何かできたんじゃないかなというのは、当然思いましたかね。あの計算をしていなかったら心底想定外だと思えたのに、ちょっと、計算しちゃっているから、想定外だということに関しては、なんか気持ちの整理がつかなかったというのはあります」

「誰がどう関わってても、あれが必然としてなったのかもしれないから、間違いだとは決め付けられないんだけど、個人か集団か、規制か、東電か、何かが間違ったからああいうことが起きているので、それは一体どこで間違ったのかなということは、一生、気にはなるという点です」（第8回公判）

第3章　事故の検証と賠償は進んだか——事故調と裁判

事故検証は適切か

東電「責任ない」

1号機が爆発した翌日の2011年3月13日午後8時、千代田区の東電本店3階の記者会見場。ネクタイの上に、取って付けたような青い作業着を着た東電の清水正孝社長は、事故後初めて姿をあらわし、こう話した。

「津波そのものに対するこれまでの想定を大きく超える水準、レベルであった」

会見で、清水は「想定外」と繰り返した。

「極めて想定を超える津波」

「今までの考えていたレベルでは逸脱するようなレベルの津波だった」

3月30日に会見した勝俣恒久会長は、「想定外という言い訳は通用しないのではないか」と問われ、「これまで地震、津波については、過去に発生した最大限のものを設計基準に入れて、それへの対応をはかってきたつもりです」と答えた。

だが第2章で見たように、事故9年前に保安院は福島沖の津波の計算を要請していたが、東電は拒否していた。東北電力は事故の3年前に貞観津波を想定した報告書を作成していた。それを福島第一に適用すれば敷地を超えてしまう。だから東電は東北電力に圧力をかけて書き換えさせていた。事故の前年、ＪＮＥＳは保安院の指示のもと、貞観津波のさらに詳しい予測も計算していた。事故の前年、日本原電は、地震本部が２００２年に予測した津波地震に耐えられるように、着々と対策を進め、東海第二の対策工事を完成させていた。東電は事故３年前に先送りを決めたにもかかわらずだ。

そんな不都合な事実を、東電や他の電力会社、保安院は隠し続けた。法廷で明らかにされたのは、７年後の２０１８年以降のことだ。だが、その隠蔽はどのくらい世の中に伝わっているだろうか。

原子力損害の賠償に関する法律（原賠法、１９６１年制定）は、事故の発生原因が電力会社の故意や過失によらない場合でも、電力会社に賠償責任を負わせることを定めている。被害者が請求しやすくするためだ。ただし、電力会社の責任を問わない例外があることも示していた。「その損害が異常に巨大な天災地変又は社会的動乱によつて生じたものであるときは、この限りでない」という「ただし書き」（3条1項）だ。

２０１１年4月25日、東電は政府の原子力損害賠償紛争審査会に要望書を提出した。事故原因について「マグニチュード9・0という日本史上稀に見る規模の地震であったこと、およびその直後に発生した津波が福島第一原子力発電所において14～15メートルまで達する巨大なものであったことを踏まえれば、弊社としては、本件事故による損害が原賠法3条1項ただし書きにいう『異常に巨大な天災地変』にあたるとの解釈も十分可能であると考えております」と書いてあった。

日本経団連の米倉弘昌《よねくらひろまさ》会長や、全国銀行協会の奥正之《おくまさゆき》会長（三井住友フィナンシャルグループ会長）は、「本件は異常に巨大な天災地変に当たると考える余地は十分にある」と、東電を擁護する発言を繰り返していた。三井住友銀行は東電の大株主である。

日本原電で5年働いた経歴を持つ与謝野馨《よさのかおる》経済財政担当大臣も、東電の免責を主張し続けた。5月20日の記者会見では、東電の津波対策について「最高の知恵を働かせた」、「知恵をはるかに超える津波は神様の仕業としか説明できない」とまで述べていた。

追及しきれなかった事故調

事故はなぜ起きたのか、対応は適切だったのか。

それを検証するため、政府は5月24日の閣議で「東京電力福島原子力発電所における事故調査・検証委員会」（政府事故調）を設置した。「失敗学」の提唱者として知られる工学者の畑村洋太郎《はたむらようたろう》東大名誉教授を委員長に、ほか9人の委員が首相から指名された。最高検察庁検事から出向した小川新二内閣審議官が事務局長を務め、各省庁から集められた約40人の事務局が実質的な主導権を握った。

畑村委員長は、当初から「責任追及は目的としない」と明言し、「起こった事象そのものを正しくとらえること、起こった事象の背景を把握すること」を方針とした。

計772人にヒアリングし、資料を集め、中間報告（2011年12月）と最終報告（2012年7月）で計1575ページの報告書をまとめた。報告書では、被害の状況、事故への対処、事故前に未然防止・被害拡大防止のために実施された施策の検討など、多くの課題について検証している。

事故前の津波想定については、うち約70ページを割いている。津波の想定については「東京電力の津波対策の経緯等を追ってみると、同社には原発プラントに致命的な打撃を与えるおそれのある大津波に対する緊迫感と想像力が欠けていたと言わざるを得ない。そして、そのことが深刻な原発事故を生じさせ、また、被害の拡大を防ぐ対策が不十分であったことの重要な背景要因の一つであったと言えるであろう」と指摘した。

一方、行政側には甘かった。例えば、福島県沖の津波地震について「防災対策に関する行政の意思決定過程を、行政の論理の枠内で見ると、それなりの合理性があったことは否定できない」と書いている。

政府事故調の委員を務めた吉岡斉《ひとし》九州大学教授（科学史）は「他の政府審議会と同様、役人主導。事務局が用意した文案にもとづいて検討する。委員の意見は反映されたり、されなかったり」「霞ヶ関官僚に対して甘い傾向がある。政府が設置することの問題点は、主にここに現れた」と回顧している。

政府事故調は、「真の原因究明を行うためには、事故に関わった人たちに、どのような出来事が起こり、どのようなことを考えて、どのような行動を取ったのかなどを、包み隠さず語ってもらうことが必要である。関係者が責任追及をおそれてありのままの真実を語らなければ、事故の全体像を捉えることは不可能である。それ故、当委員会は、責任追及を目的とした調査・検証は行わない」という方針だった。その方針で事故が精緻に解明できれば、事故調査の一つのあり方としてはよかったのだが、実際には第2章で詳述した関係者の動きは、裁判で初めて明らかにされたものが多い。

そしてもっとも問題だったのは、政府事故調が把握していながら報告書で触れなかった重要な事実もあったことだ。

重要文書隠した政府事故調

内閣府が2020年6月に開示した文書から、政府事故調が国の責任を隠していた具体的な証拠が出てきた。事故調は重要な資料を入手していたのに、報告書にまったく記載していなかったのである。

政府事故調は2011年8月25日付で、福島第一、第二だけでなく、女川、東海第二、柏崎刈羽、浜岡における津波対策とその見直しに関する一切の資料（関係機関、団体、学会や電力会社との報告、連絡、協議に係る文書、メール、スケジュール帳、手帳など）の提出を保安院に要求した。

保安院は、女川について以下のような資料を提出している。

○東北電力や保安院内関係者とのメールのやりとりと、その添付資料

○JNESが実施したクロスチェックに関わる手続き書類（指示文書や提出文書）

○JNESから提出された報告書

○JNESのクロスチェックに係るJNESや東北電力との打ち合わせ資料

全部で少なくとも250ページ以上あった。JNESは津波の計算などを伊藤忠テクノソリューションズに2593万円で委託し、その結果をもとに報告書をまとめていた。これらを見ると、2010年時点で、保安院やJNESは貞観津波を想定しなければならないと判断していたことがわかる。

ところが、政府事故調の報告書には、女川の津波想定について、このように書いているだけだ。

宮城県から宮城県沖地震の断層モデルの公表や佐竹教授らによる貞観津波の断層モデルの提案等、津波に関する新たな情報が出されるごとに社内で津波評価が行われたが、いずれの評価結果においても敷地高を上回るものではなかった。

注目すべき点は、「社内で津波評価が行われた」としか書いていないことだ。その社内評価が適切かどうか保安院がチェックし、東北電力以上に詳しく貞観津波について調べ、報告書を作成していたのに、まったく触れていない。溢水勉強会（第2章80ページ）や安全情報検討会（第2章84ページ）についても、文書を入手していたにもかかわらず、事故調査報告書には記載していなかった。

国の責任を見えにくくするため、ほかにも隠している事実があるのか。あるいは、たまたま見落とされたにすぎないのか。確かめようにも事故調が集めた文書の開示はあまり進んでいないので、検証できないままだ。

時間切れだった国会事故調

２０１１年12月には、事故調査のための第三者機関として、国会の下に国会事故調も設立された。日本学術会議元会長の黒川清（東大名誉教授、医学）を委員長に、「原発震災」（地震と原発事故が複合して被害が拡大する災害）を警告していた地震学者の石橋克彦神戸大名誉教授ら、10人の委員が指名された。

国会に事故調を設置した理由について、設立に尽力した塩崎恭久《やすひさ》衆院議員（自民）は「政府の失敗を政府がチェックしてもダメだ」「調査をするうえで重要なのは、調査を支える事務局。政府の委員会は官僚出身者だけで固めた。後から聞いた話だが、政府事故調の委員が報告書の内容を変えるようにいくら言っても変えなかったそうだ」と日経新聞のインタビューに答えている（２０１３年8月18日付）。

国会事故調には、委員の下に、弁護士や原発事故について知識を持つ元エンジニアらも協力調査員として参加し、私もその一人として調査に加わった。２０１２年7月に公表された報告書は、本編に参考資料や会議録まで含めると約１３００ページある。こちらの報告書も、事故前の状況でなく、事故の進展、事故後の対応など多岐にわたって検証している。

地震前の対策については、「今回の事故は、これまで何回も対策を打つ機会があったにもかかわらず、歴代の規制当局及び東電経営陣が、それぞれ意図的な先送り、不作為、あるいは自己の組織に都合の良い判断を行うことによって、安全対策が取られないまま3・11を迎えたことで発生したものであった」「何度も事前に対策を立てるチャンスがあったことに鑑みれば、今回の事故は『自然災害』ではなくあきらかに『人災』である」と書いている。

事故前の津波想定や対策については、「認識していながら対策を怠った津波リスク」という見出しで、「福島第一原発は40年以上前の地震学の知識に基づいて建設された。その後の研究の進歩によって、建設時の想定を超える津波が起きる可能性が高いことや、その場合すぐに炉心損傷に至る脆弱性を持つことが、繰り返し指摘されていた。しかし、東電はこの危険性を軽視し、安全裕度のない不十分な対策にとどめていた」とまとめている。

ただし、津波想定の妥当性の検証は、政府事故調よりさらに薄く約30ページしか扱っていない。政府事故調がおそらく手に入れていなかった電事連の資料（第2章96ページ）を明らかにしたり、溢水勉強会の資料（第2章87ページ）を発見したりという成果はあった。しかし、調査に関わった個人的な体験から言えば、あまりにも時間不足だった。

発足当初は、7か月先行する政府事故調が収集した資料一式をもらい、そこから調査を始める方針と聞かされていた。ところが理由はわからないがそれは叶わなくなり、資料集めから始めなければならなかった。調査の体制を整えたり、報告書をとりまとめたりする時間をのぞけば、実質的な調査期間は約4か月しかなかった。

事故調にタイムリミットがあることを知っている東電は、資料の提供や関係者のヒアリングになかなか応じてくれない。ようやく出てきた資料に、さらに詳しく知りたい事柄を見つけても、それを深掘りする時間はもう残されていなかった。

交通事故の自賠責並みの慰謝料

原賠法を担当する高木義明文部科学大臣は2011年4月19日の国会審議で、福島第一の事故は、東電や財界が主張するような「異常に巨大な天災地変」ではなく、東電が責任を負うべきであるという見解を示した。

同年8月、文科省に設置された原子力損害賠償紛争審査会は、賠償の目安となる中間指針をまとめた。避難にかかった費用、営業損害、働けなくなったことによる損害、財産の価値が喪失したことによる損害、避難による精神的損害などが対象とされた。

東電はこれをもとに自主的基準をつくり被害者に賠償を進めた。しかし政府の指針は、少なくとも最低でもこれだけは賠償しなさいというラインを示したものなのに、東電は指針があたかも賠償の上限であるかのように振る舞ってきた。

被害者の不満は、主に2つある。一つは避難指示に基づく住民への慰謝料が1人月10万円とされたことだ。自動車事故で最低限の補償を担っている自賠責保険の慰謝料と同レベルだ。もう一つは、どこまでの地域の被害を認めるかという線引きや、被害があったと認める期間などのさじ加減が、東電、国という「加害者」の主導で決められたことだ。

これまでに東電が支払った賠償は、個人243万件、法人や個人事業主など51万5000件の計約9兆5000億円（2020年9月4日現在）。

「東電から示された金額では納得できない」など、東電との交渉がうまく行かないときは、裁判外紛争解決手続（ADR）を使うこともできる。中間指針で明記されなかったものや、東電の基準で賠償されなかったものについても、個別の事情に応じて、仲介委員が和解案を作る仕組みだ。裁判は一審の地裁判決だけで数年もかかり、弁護士費用も必要になる。そこでADRでは、被災者の負担の少ない迅速な解決を目指している。原子力損害賠償紛争解決センターが被害者の申し立てを受け、弁護士による仲介委員が聞き取りなどをして3か月をめどに和解案を出す。ADRの申し立て件数は約2万6000件（2020年11月4日現在）で、和解成立は2万453件だった。

しかし東電が和解案を拒否する事例も目立ち始めている。たとえば全町避難を強いられた浪江町の町民約1万6000人の申し立てに、センターは中間指針の慰謝料に一律5万円を上乗せするなどの和解案を示したが東電が拒否、ADRの手続きは打ち切られた。結局、住民の一部は損害賠償を求めて２０１８年11月に、国と東電を相手取って福島地裁に提訴し、裁判が続いている。

高裁判決「国と東電に責任」

地裁では分かれた国の責任の判断

「人災」と判断した国会事故調の報告書が出た後でも、東電や国は法的責任を認めなかった。責任者が謝罪したわけでもなく、組織内で関係者が処分されたわけでもない。東電は賠償も渋り、ＡＤＲの和解案もしばしば拒否する。

政府や国会の事故調は、２０１２年夏に報告書を提出した際、政府や国会による継続した事故の検証を求めていたが、それもほとんど進められなかった。事故についてわからないことは、たくさん残されたままになった。

こんな形で、国や東電は事故を終わったことにしようとしていた。それを許すわけにはいかないと、全国各地でさまざまな訴訟が起こされた。東電や国に損害賠償を求める訴訟、

主な集団訴訟の判決

地裁	判決日	原告数	国の責任	賠償認容額
前橋地裁	2017年3月17日	137人	認める	3855万円
千葉地裁	2017年9月22日	45人	認めない	3億7574万円
福島地裁	2017年10月10日	3864人	認める	4億9795万円
東京地裁	2018年2月7日	321人	ー	10億9560万円
京都地裁	2018年3月15日	174人	認める	1億1102万円
東京地裁	2018年3月16日	47人	認める	5924万円
福島地裁いわき支部	2018年3月22日	216人	ー	6億1240万円
横浜地裁	2019年2月20日	175人	認める	4億1964万円
千葉地裁	2019年3月14日	19人	認めない	509万円
松山地裁	2019年3月26日	25人	認める	2743万円
東京地裁	2019年3月27日	42人	ー	2134万円
名古屋地裁	2019年8月2日	128人	認めない	9684万円
山形地裁	2019年12月17日	730人	認めない	44万円
福島地裁	2020年2月19日	52人	ー	1203万円
札幌地裁	2020年3月10日	253人	認める	5294万円
仙台高裁	2020年3月12日	216人	ー	7億3350万円（一審より賠償増額）
東京高裁	2020年3月17日	約300人	ー	慰謝料上乗せ分一審より減額
福岡地裁	2020年6月24日	53人	認めない	491万円
仙台地裁	2020年8月11日	83人	認めない	1億4459万円
仙台高裁（生業訴訟）	2020年9月30日	約3700人	認める	約10億1000万円（一審より賠償増額）
東京地裁	2020年10月9日	54人	認めない	約6500万円
福島地裁いわき支部	2020年11月18日	144人	ー	約1億4600万円

ーは国を被告としていない訴訟

※除本理史大阪市立大教授作成の表に、筆者がデータを追加

東電元幹部らの業務上過失致死傷罪での告訴、東電の株主が経営者の責任を問う株主代表訴訟などだ。

東電を相手にした訴訟は2020年7月末現在で約567件（うち継続中165件）あり、国を相手にした訴訟も18の裁判所で続いている。それらのうち集団訴訟は約30で、原告はのべ1万人以上にのぼる。

国家賠償請求の訴訟で、住民側の勝率は1割とも言われる中、２０１７年3月の群馬地裁の判決を皮切りに、集団訴訟で国の責任を認める判決が続いた。その後、国側の勝訴も相次ぎ、地裁の判断は分かれていた（表）。

仙台高裁、国の責任を控訴審で初めて認める

そんな状況のもと、『「生業を返せ、地域を返せ！」福島原発訴訟』（生業訴訟）の控訴審判決が、２０２０年9月30日、仙台高裁（上田哲裁判長）で言い渡された。生業訴訟は、事故当時、福島県とその隣接県に住んでいた約３７００人が、国と東電の責任を追及し、原状回復と被害救済を求めて起こした訴訟で、集団訴訟の中で最も原告数の多いものだ。仙台高裁は、高裁としては初めて国の責任を認め、国と東電に総額約10億１０００万円を支払うよう命じた。

一審の福島地裁は、国の責任は東電の半分と評価したが、仙台高裁は東電と同等に重いとした。そして賠償額も一審より増額した。これまでの裁判では、「加害者」である国が定めた中間指針に賠償額が縛《しば》られた判決が多かったが、仙台高裁は指針より金額を上乗せし、さらに指針の対象より広い地域の住民に賠償を認めた。

仙台高裁は国の責任について、２００２年末ごろまでには高い津波を予見することが可

能で、国が規制権限をつかって東電に対策を取らせなかったことについても、「遅くとも平成18〔2006〕年末までには、許容される限度を逸脱して著しく合理性を欠くに至ったものと認めることが相当」とした。

東電の責任についても、2002年末ごろまでに福島第一の敷地高さ10メートルを超える津波を予見できたと判断した。そして、東電の義務違反の程度は決して軽微ではないとして、慰謝料算定で考慮すべきとした。

「規制当局の役割、果たさなかった」

仙台高裁の判決は、事故前の東電や保安院の動きで、いくつか節目になる場面を取り上げ、厳しい目で批判している。

一つは、政府の地震本部が福島沖でも大きな津波地震が起きると発表した5日後の2002年8月5日、保安院の川原修司耐震班長が東電を呼び出してヒアリングし、津波地震がもたらす津波の高さを計算するよう要請した場面だ。この日の状況を、判決は4ページ割いて詳細に分析し、国や東電の無責任さを浮き彫りにしている。

東電の高尾は「40分間くらい抵抗」し、保安院の要請に従わなかった。保安院はすぐに計算させることはできなかったものの、このとき高尾に宿題を出していた。「地震本部がどのような根拠に基づいて『長期評価』の見解を示したのかを確認するよう指示した」という内容だ。そこで高尾は、長期評価をまとめたうちの一人にメールで意見を尋ねた。長期評価のとりまとめに関わった専門家は全部で十数人いたのに、そのうち東電が意見を聞いたのはたった一人だけ、それも東電に都合のよい解釈のできる論文の著者である佐竹健治（現東大教授）だけだった。さらに東電は、その返答を改変して、保安院に伝えていた。

仙台高裁は、この時点の東電の動きをこう判断した。

まず、長期評価作成に関わった多数の地震学者の中から、主査の島崎邦彦らには問い合わせなかったこと自体が、「恣意的で『長期評価』の見解の信頼性を正当に評価するための調査としては適切さに欠けるものであった」とした。また、佐竹の回答は、「自分たちの論文がどこまで一般化できるかはわからない。この論文と『長期評価』の見解のどちらが正しいかわからないというのが正直な答えである」というものだった。これを東電はねじ曲げて、「異論を唱えたが、分科会としてはどこでも起こると考えることになった」と保安院に報告していた。仙台高裁は「ヒアリングの当初から、『長期評価』の見解に基づき福島第一原発に到来する津波について検討させせられることをおそれ、保安院担当官から求められたシミュレーションの実施をなんとしても回避しようとする意図に基づくものであったことが強くうかがわれるといわざるを得ない」と述べている。

仙台高裁は、保安院に対しても、「そもそも平成14〔2002〕年8月頃の一審被告国の調査が不適切であったというほかない」と厳しい。見解の根拠が、佐竹ただ一人であったことの不適切さは当然認識できたはずだし、東電の報告を鵜呑みにせずに、自分で確かめることが望まれたといえると指摘し、「少なくとも海溝型分科会の主査である島崎邦彦や他の『長期評価』の見解の結論に賛成した委員に問い合わせさせるべきであった」として、「東電による不誠実ともいえる報告を唯々諾々と受け入れることとなったものであり、規制当局に期待される役割を果たさなかったものといわざるを得ない」と強い言葉で批判している。

仙台高裁が強く批判したもう一つの場面は、2009年9月7日午後5時の時点だ。保安院の小林室長、名倉審査官に、東電の酒井、高尾、金戸が貞観津波の予測数値を説明した場面である。

仙台高裁の判決は、このとき保安院が「JNESのクロスチェックでは、女川と福島の津波について重点的に実施する予定になっているが、福島の状況に基づきJNESをよくコントロールしたい。無邪気に計算してJNESが大騒ぎすることは避ける」などと発言していたことに注目している。「〔保安院の〕審査官が、規制の対象者たる原子力事業者である一審被告東電の担当者の面前で、『福島の状況に基づきJNESをよくコントロールしたい。無邪気に計算してＪＮＥＳが大騒ぎすることは避ける。』などと発言していたというのであるから、これでは原子力規制機関であるはずの保安院が、原子力事業者である一審被告東電の側に立ち、むしろ原子力事業者と一体化して、ＪＮＥＳによる安全性のチェックを阻止しようとしていたとの批判すら免れず、原子力規制機関の担当官としては誠にあるまじき言動であったといわざるを得ない」と断罪している。

新たな知見への対策を極力回避、先延ばしの姿勢

東電の津波対策の進め方についても、以下のように強く批判した。

東電が、「長期評価」の見解や貞観津波に係る知見等の、防災対策における不作為が原子炉の重大事故を引き起こす危険性があることを示唆する新たな知見に接した場合に、当該知見を直ちに防災対策に生かそうと動くことがないばかりか、当該知見に科学的・合理的根拠がどの程度存するのかを可及的速やかに確認しようとすることすらせず、単に当該知見がそれまでに前提としていた知見と大きな格差があることに戸惑い、新たな知見に対応した防災対策を講ずるために求められる負担の大きさを恐れるばかりで、そうした新たな防災対策を極力回避しあるいは先延ばしにしたいとの思惑

のみが目立っているといわざるを得ないが、このような東電の姿勢は、原子力発電所の安全性を維持すべく、安全寄りに原子力発電所を管理運営すべき原子力事業者としては、あるまじきものであったとの批判を免れないというべきである。

専門家への批判も

国側は、国を擁護する専門家の意見書を次々と集団訴訟に提出していた。仙台高裁は、その内容についても批判的だ。

たとえば、以下のような意見書が出ていた。

津村建四朗《つむらけんしろう》元地震本部地震調査委員会委員長「長期評価には、相当の問題があり、成熟した見解とか、地震・津波の最大公約数的な見解、つまり専門家の間でコンセンサスを得た見解であったとは言えないものでした。（中略）福島県沖日本海溝沿い等における津波地震の発生可能性については、確信をもって肯定できるほどの評価内容には達成しておらず、『そういう考え方はできなくもない』程度の評価であると受け止めました。そのため、私は、津波地震の発生可能性に関する長期評価の結論について、個人的には疑問を感じる点もありましたが、発生可能性を否定するだけの根拠もまたありませんでしたので、地震調査委員会としても了解することにし、実際に了解し、公表するに至りました」

今村文彦東北大教授「津波地震については三陸沖と福島沖・茨城沖との違いを示唆する理学的知見が存在したことから、既往地震について考慮する以外に、日本海溝沿いのどの地域でも発生すると取り扱うべきとはとても考えられなかった」

仙台高裁の判決はこれらの意見書を、「事故前に一審被告らがこれらの専門家に意見を求めたとしても、本件事故後にしたのと同じ供述がされたはずであると推認することはできない」と位置付けている。

理由としてこう説明している。事故前に長期評価などの重大事故の危険性を示唆する情報が公表されていたのに、その警告が防災に役立てられないまま未曾有の大災害に至ってしまった。この経過に関わった専門家の多くにとっては、自分が関与しながら、結果的に事故を防ぐことができなかった原因を、長期評価の見解の信頼性の低さや未熟性に求めることによって、自らの当時の対応を正当化し自らを納得させたいという無意識のバイアスがかかる、というのだ。

仙台高裁は、専門家のバイアスの例として、今村教授の意見書をあげている。今村教授は2008年2月26日に東電に対し、「福島県沖海溝沿いで大地震が発生することは否定できないので、波源として考慮すべきであると考える」と述べ、その結果として東電が15・7メートルの計算をした。それについて判決は、「証拠上明らかな事実」としている。その時点での今村教授の発言について、日本原電の社員は「念押しされましたね」、東電社員も「審判がそういうのだから、やらざるをえない」と受け止めていたことも明らかになっている。

意見書では「福島沖ではとても考えられなかった」と今村教授は述べているが、事故前の発言とは、明らかに食い違っているのだ。

多数の学者のコンセンサスは必須か

山口彰《あきら》東大教授は以下のような意見書を書き、東電はそれをもとに責任がないと主張していた。

私は、原子力工学者であって、地震学者や津波学者ではありませんが、仮に、地震学や津波学の分野で、本件事故前に、福島第一原子力発電所の主要地盤高を超える津波が到来する可能性があると指摘する知見について、多数の学者が共通の認識を持つ程度にまで確立したものがあったのなら、当然、そのような知見は必ず耳に入ってきます。しかしながら、そのような話が私の耳に入ってくることもありませんでした。ですから、本件事故前に、そのような知見が確立していたとは考えられません。つまり、本件事故が起こるまでの知見では、福島第一の主要地盤高を超える津波が到来する可能性というのは「Practically eliminated」（物理的にあり得ないか、又は、高い信頼性を持って極めて発生しにくいと考えられ、実質的に考慮から排除される状態）なリスクであると考えられていたのです。

仙台高裁は、この考え方も認めなかった。山口の意見に従えば、敷地を超える津波が引き起こす結果が極めて重大であるような場合でも、分野が違う研究者の耳に入るぐらい知見が確立するまでの間は対策をしなくてもよいことになり、その間に重大な事故を起こしてしまう危険性があるからだ。

事実を間違えている専門家も

事実を間違えている意見書もあった。とくにひどい岡本孝司《こうじ》東大教授の意見書を見てみよう。岡本はこう述べている。

本件事故前に、津波対策として、主要施設の水密化や非常用電源・配電盤・高圧注水系統へ接続するための各種ケーブル等の高所移設を行うべきなどという提言をした人は、事業者の中にも規制をする国の側にも、われわれ専門家の中にも一人としていませんでしたし、そもそもそのような発想自体がなかったのです。

日本原電は、東海第二の主要建屋の水密化を2008年から進めていた。非常用電源も標高22メートルに新設し、東日本大震災の一か月前には使えるようにしていた。そんな事実を知った上での意見書だったのか、本当に知らなかったのかはわからないが、「一人としていませんでした」とまで強く断定しているにもかかわらず間違っているのは、専門家としての責任が問われるだろう。

まだ間違いはある。例えば「2004年にインド・マドラス原発で地震の引き波によって海水ポンプが機能喪失に至った」と書いているが、これは「引き波」ではなく「押し波」が正しい。岡本教授も後に間違いと認めて訂正している。この訂正理由がとても興味深い。

私が、法務省訟務局の担当者からヒアリングを受け、同担当者が内容をまとめたものを確認の上で署名をしたものです。ヒアリングの際には、上記と同様の内容を説明したつもりですが、まとめた記載内容を確認する段階で、前記記載の部分について、正確性を欠いている部分があることを見落としていましたので訂正します。

意見書が、裁判担当の官僚によるヒアリングにそって作成されていることがわかる。このやり方では、国や東電に都合のよい内容だけが意見書にまとめられてしまう恐れがある。

勝俣元東電会長らの刑事訴訟

一審は全員無罪

一方、組織としての東電ではなく、東電幹部の個人の責任は問えるのか。当時の幹部は、刑務所に入れられるほどの過ちをおかしたのだろうか。この視点から問われているのが刑事裁判だ。

東電の元会長・勝俣恒久、元副社長の武黒一郎、武藤栄ら旧経営陣3人が事故を防がなかったとして強制起訴された刑事裁判では、禁固5年の求刑に対し、一審の東京地裁（永《なが》渕《ふち》健一裁判長）は2019年9月19日、全員に無罪を言い渡した。検察官役の指定弁護士はこれを不服として、9月30日に東京高裁に控訴している。

刑事裁判は初公判が2017年6月に開かれ、判決まで2年3か月にわたる計38回の公判で、東電社員、津波の研究者、当時の保安院の職員ら21人の証人に事故までの経緯を尋ねたほか、東電や他の電力会社から集めた会議録、東電社員が社内外とやりとりした電子メールなどを詳細に調べた。

第2章で描いた東電内部の動きや保安院の対応ぶり、他の電力会社とのやりとりなどは、多くが刑事裁判で初めて明らかになったものだ。生々しいやりとりが記録されている電子メールや会議録は、関係者のリスク認識や意思決定過程を明らかにするのにとても役立ち、事故の検証に貢献した。

東電元幹部は2012年6月に告訴・告発され、東京地検は不起訴処分を繰り返したものの、東京第五検察審査会は勝俣元会長らを「起訴相当」（起訴すべきだ）と二度にわたって議決し、強制起訴が決まった。もし不起訴のままで終わっていたら、刑事裁判は開かれず、東電が事故を起こした経緯は永遠にあいまいなまま闇に葬られていただろう。

武藤「先送りと言われるのは心外」

２０１８年10月16日、17日、元副社長の武藤への被告人質問。焦点は地震本部が２００２年に発表した長期評価に、武藤が適切に対応していたかどうかだった。

指定弁護士側は「社内で進んでいた対策は08年７月31日、武藤氏の指示で停止された」という主張を、証言や証拠で着々と裏付けていった。武藤が津波対策を先送りし、その判断が事故を引き起こしたことを明確にしようとしたわけだ。

社内で津波想定を担当する土木調査グループの社員は、「津波対策は不可避」という見方で一致していた。彼らは15・7メートルの津波への対策を示したが、武藤が対策にＧＯサインを出さず、「研究しよう」と言って実質的に対策を先延ばしにし、土木学会に検討を依頼した。そして専門家への根回しを指示した。

しかし証言台で、武藤は「先送りと言われるのは大変に心外」と述べた。長期評価について、武藤は「信頼性は無い」と断じた。「信頼性が低い」という表現ならまだしも、信頼性は「無い」と強い口調で繰り返した。そして一連の自分の判断、行動について「経営としては適正な手順」と強調した。

また、５・７メートルの津波を想定していた事故当時の福島第一の状況について「我が国のベストな手法」「土木学会の方法で安全性を確認してきた」「現状（土木学会手法による想定）でも安全性は社会通念上保たれていた」と述べた。

武黒「不確実な事項への対応難しい」

２０１８年10月19日、30日には武黒一郎への被告人質問が行われた。

武黒は、15・7メートルの津波予測を、原子力設備管理部長だった吉田昌郎から２００９年の４月か５月に初めて聞いたと証言した。その場面で、武黒は何を考えたのだろうか。指定弁護士の石田省三郎弁護士は、質問を繰り返して迫った。

石田「現実に津波が襲来したらどんな事態になるか考えられましたか」「もし来るとなれば、福島第一の状況はどのようになるんでしょうか」

水に浸かったとしても、原発の機能が保たれるなら問題はない。しかし、武黒は、津波で敷地が浸水すれば全電源喪失に至る危険性を知っていた。溢水勉強会の報告も受けていたからだ。吉田から示された浸水予測が、どんな事故につながるのかイメージできたはずだ。武藤より明確に見えていたのではないだろうか。

武黒は「溢水勉強会は、〔浸水が続く時間として〕無限の時間を仮定している。ダイナミックな津波の動きは仮定していない」「そういう議論はありませんでした」などと答えた。しかしその日、原発の技術者として何を直感したか、率直には答えなかった、回答をためらったように、傍聴席からは見えた。

武黒は吉田から「津波想定を土木学会で検討してもらうのに年オーダーでかかると聞いた」とも述べた。石田弁護士は、武黒が検察官の聴取に「少し時間がかかりすぎるとは思いました」と言っていたのではないかと確認すると、「時間がかかるなとは申しました」と答えた。

また、武黒は「わからないこと、あいまいなこと、不確実な事柄への対応は難しい」「その当時わかっていたこと、当時わからなかったことの間に乖離《かいり》があった」とも陳述した。津波の予測に不確実性があったから対応が難しかったというのだ。これは、過去の公害原因企業が責任逃れに科学的な不確実さを持ち出す構図とそっくりだ。水俣病を引き起こしたチッソは、裁判で「本件水俣病発生当時においては、アセトアルデヒド製造工程中に水俣病の原因となるメチル水銀化合物が生成することは、被告はもとより化学工業の業界・学界においても到底これを認識することがなかった」と主張していた。

これについて、『戦後日本公害史論』で宮本憲一は以下のように述べている。「〔研究者間で」内部の意見の対立があったかなどを例にして、チッソ自らの予見不可能性や対策の失敗をあたかも科学的解明の困難にあったかのように責任を転嫁している。(中略)科学論争に巻き込もうとしているのだ」

勝俣「責任は現場にある」

「東電の天皇」とも言われた勝俣恒久は、2018年10月30日に証言台に立った。

「社長の権限は本部に付与していた。全部私が見るのは不可能に近い」

「そういう説明が無かったんじゃないかと思います」

「私まで上げるような問題ではないと原子力本部で考えていたのではないか」

「いやあ、そこまで思いが至らなかったですねえ」

勝俣は、現場に任せていたから自分に責任はないと一貫した姿勢で繰り返した。

敷地を超える最大15・7メートルの津波計算結果は原子力・立地本部長の武黒一郎まであがっていたが、それについても勝俣は「知りませんでした」と述べた。「原子力安全を担うのは原子力・立地本部。責任も一義的にそこにある」と、自らの無罪を主張。一方で、福島第一の津波のバックチェックが遅れていたことは認識していたと述べた。

勝俣の説明によれば、東電の社員は3万8000人、本店だけで3000人いる。原発を担当する原子力・立地本部を含めて本部が4つ、部が30程度ある。勝俣の弁護人の説明では、福島第一の耐震バックチェックについて議論された月1回の「御前会議」に出されてくる資料は、多いときは60ページ以上あり、それぞれのページにパワーポイントが4画面印刷されていた。大量の情報が詰め込まれていて、細かく見ることはできなかったという。勝俣は「1枚1枚説明されてはいませんでした」と、技術的な詳細については理解していなかったと述べた。

一審判決の誤り

東京地裁の判決では、勝俣元会長らを以下の3つの理由で無罪としている。

1　事故を回避する方法は、原発の運転を停止するしかない。

2　地震本部の長期評価は、すぐに原発を止めなければならないほど確実な予測ではなかった。

3　社会通念や、法律や国の指針、審査基準は、原発に極めて高度の安全までは求めていない。合理的に予測される自然災害を想定すればよい。

指定弁護士は、これらについて「明らかに事実誤認がある」と控訴趣意書で詳しく説明している。

まず1について指定弁護士は、事故を防ぐ手段として、

①津波が敷地に遡上するのを未然に防止する対策（沖合の防波堤や、敷地の防潮堤など）

②津波の遡上があったとしても、建屋内への浸水を防止する対策（建屋開口部に防潮壁、水密扉、防潮板を設置する）

③建屋内に津波が浸入しても、重要機器が設置されている部屋への侵入を防ぐ対策（部屋の開口部に水密扉を設置し、配管等の貫通部も水が浸入しないようにする）

④原子炉への注水や冷却のための代替機器を津波による浸水のおそれがない高台に準備する対策

の4つを挙げている。

これらの対策を何一つしていないのに、東電は漫然と運転を続けていた。津波の敷地への遡上を完全に防ぐドライサイトに固執し、やればできる対策（水密化、電源の高所移設など）もせず、東電自身が対策の選択を狭《せば》めていたというのだ。

長期評価は信頼できないのか

２の長期評価の信頼性について、判決では「２０１１年3月初旬の時点において、地震本部の長期評価の見解が客観的に信頼性、具体性のあったものと認めるには合理的な疑いが残る」と判断した。これについて指定弁護士は、長期評価の信頼性の有無を、専門的知識に欠ける裁判官が一から判断することは困難で、基本的誤りがあると指摘する。

例えば、津波地震が発生する仕組みについて、判決は「海溝にある付加体と呼ばれる堆積物と津波地震の発生が関連していることは地震学者の間で広く共有されていた」としている。そして、日本海溝の北部と南部で付加体の量に違いがあるのに、どこでも津波地震が起きるとした長期評価はこの矛盾を説明できておらず、信頼性に欠けると説明していた。

しかし、付加体が津波地震を起こすというのは、まだ一つの仮説にすぎなかった。この仮説では説明できない津波地震が、ペルーやニカラグアで観測されていたからだ。

指定弁護士は、日本原電の東海第二が長期評価にもとづいて対策を進めていたのに、判決が正当に評価していないことも、判断の誤りを示すものとしている。

指定弁護士は「長期評価の信頼性を否定するために都合の良い事実を恣意的に指摘、評価する一方、長期評価の信頼性を裏付ける事実については指摘を避け、あるいは正当な評価をしておらず、誤っている」と批判した。

判決は大竹政和《まさかず》東北大名誉教授、今村東北大教授ら5人の専門家の意見をもとに「長期評価の見解には多かれ少なかれ無条件には賛同しがたい点がある」としている。これに対して控訴趣意書は、「長期評価の策定には、地震本部の中での地震調査委員会、長期評価部会、海溝型分科会に所属するのべ30人以上の専門家が関わり、その結論において合意が形成されたものである」「長期評価の結論に賛同した多くの専門家の意見を理由なく無視している」と指摘する。

前述した、国の責任を高裁として初めて認めた仙台高裁の判決は、長期評価について「被告国自らが地震に関する調査等のために設置し多数の専門学者が参加した機関である地震本部が公表したものとして、個々の学者や民間団体の一見解とはその意義において格段に異なる重要な見解であり、相当程度に客観的かつ合理的根拠を有する科学的知見であったことは動かし難い」と位置付けている。そして、そのことは地震本部が長期評価を発表した直後に、保安院が東電に福島沖での津波地震を計算するべきだと要請していたことからもわかるとした。

仙台高裁の判決は、刑事裁判の今後にも影響を与えそうだ。

切り下げられた安全レベルの間違い

3の「求められる安全性」について、東京地裁の判決は、こう書いている。

「自然現象に起因する重大事故の可能性が一応の科学的根拠をもって示された以上、何よりも安全確保を最優先し、事故発生の可能性がゼロないし限りなくゼロに近くなるように、必要な結果回避措置を直ちに講じるということも、社会の選択肢として考えられないわけではない」

おお、そのとおりだと思って読み進めると、「しかしながら」と続く。

「少なくとも本件地震発生前までの時点においては、賛否はありえたにせよ、当時の社会通念の反映であるはずの法令上の規制やそれを受けた国の指針、審査基準等の在り方は、上記のような絶対的安全性の確保までを前提としてはいなかったとみざるを得ない」

控訴趣意書は、これについて「国民の意識は、原発に事故発生の可能性がゼロないしかぎりなくゼロに近くなるような安全性を求めていた」とし、地裁の判決文は明らかに誤りだと言う。

東京地裁が間違っているという証拠は、簡単に見つかる。例えば、福島第一が運転を始める前年１９７０年に通商産業省がまとめたパンフレット「原子力発電 その必要性と安全性」に、同省公益事業局長は「わが国では、開発の当初から原子力公害は絶対に起こさないという徹底した方針が貫かれてきています」と書いている。絶対的安全性の確保を約束していたのだ。

東電が電力供給義務を負っていることや運転停止が難しいことと安全の確保を、判決が「安易な天秤《てんびん》」にかけているとも、指定弁護士は指摘した。「場合によっては、そのような事故を引き起こすこともやむを得ないとでもいうべき、決定的に間違った価値判断をしている」と問題視している。弱い立場の国民の権利を守ってくれるはずの裁判官が、短期的な利益に固執する経営者の視点で安全を判断していると言われてもしかたがない。

予測に残る不確実さと原発の対策

東京地裁の刑事裁判の判決と、仙台高裁の損害賠償請求の判決では、長期評価の信頼性についての判断が大きく異なった。これについて、筆者の考えも少し述べておきたい。

地震学者たちが、それぞれの研究をもとに、各地域で思い描いていた「将来起こりうる地震」のイメージは、住民にうまく伝わっていなかった。そのため、阪神・淡路大震災（1995年）は不意打ちになった。活断層の密集する阪神地域で直下地震が起きることは地震学者たちにとってはまったく不思議ではなかったが、住民はそのリスクを知らされていなかったのだ。その教訓から地震本部が設立され、多くの地震学者たちの意見を最大公約数的にまとめ、政府の公式見解として長期評価を公表するようになった。しかし、それは科学的な手続きによる予測ではあるが、「いつごろ、どこで、どのくらいの大きさの地震が起きるか」を完全に正確に予測しているわけではない。それは現在の地震学では不可能だし、将来も難しいだろう。長期評価は、数十年先までの、割り切って言えば「大づかみ」な予測だ。過去に起きた地震の歴史や、地殻変動、小さな地震の起こり方、地質学的な証拠など、今わかっているデータを一生懸命かきあつめ、多くの科学者たちが議論して取りまとめている。

福島沖を含む日本海溝沿いのどこでも津波地震が起こりうる、という長期評価も「100点満点でスキのない予測」ではなかった。ただし、これの受け止め方は、長年、原発の地震評価に携わってきた東電土木調査グループの酒井、高尾らの認識で妥当だったと思う。「否定する根拠はない」「福島第一で、それへの対策は不可避」というのが、彼らの評価だった。

日本海溝沿いの北部（三陸沖）で、1896年に大きな津波地震が発生していたことは前述のとおりだ。福島沖にも同じ海溝、同じプレート境界が存在するのだから、大きな構造で見れば三陸沖とまったく同一である。三陸沖で起きた津波地震が、福島沖では「起きない」ことを科学的に証明するのは困難だった。海溝のほんの表層部分の形（付加体）は北部と南部で異なっていたが、そのことだけを根拠に「福島沖では津波地震は起きない、安全が保障できる」とは東電の社員も思っていなかった。

現場のプロによるその判断を、武藤は「地震本部は信頼できない、研究しよう」と言って、土木学会での3年間の審議に回し、それを武黒も認めていた。審議の場である土木学会津波評価部会に、地震学者はわずかしかおらず、多くは電力社員だった。実際に、学会で実質的な審議がされた記録もない。そもそも土木を専門とする学会で審議したところで、地震の予測が確実になるわけもない。ただの時間稼ぎだったことは、酒井の証言からも明らかだ。

東電や国は、仮に長期評価の津波に備えていたとしても、3・11の津波はもっと大きかったから事故は防げなかったとも主張するが、これも間違いだ。襲来する方向が異なり、津波地震の津波より対策が難しい貞観津波（869年）の証拠も2005年以降にそろい始めていた。貞観津波は、過去に起きた記録があるわけだから、「過去に記録はないが、地震学的に起こりうる」長期評価の津波地震よりさらに確実なものである。東北電力が女川のバックチェック報告書（2008年）に貞観津波を盛り込んでいたことからも明らかだ。当然、福島第一は「津波地震」だけでなく、「貞観津波」にも備える必要があった。

2008年に津波対策に着手した東海第二の事例から類推すれば、福島第一もドライサイトに固執しなければ対策は事故までに十分間に合ったし、そして大事故は防げただろう。

被曝のリスクを問う裁判

甲状腺がん、増えたのか

被曝のリスクを正面から問う裁判も進められている。事故当時、県内に住んでいた親子らが、国や県を相手に、子どもたちに無用な被曝をさせた責任を問うた訴訟を、２０１４年８月に福島地裁に提訴した。争点の一つは、福島県の子どもに多く見つかっている甲状腺がんだ。それは、被曝と関係あるのか、ないのか。

この問題について、２０２０年２月14日、鈴木眞一《しんいち》福島医大教授が福島地裁の証言台に立った。鈴木はこれまで福島県の検査で見つかった２００人近くの手術を担当している。

――証人は、これまでの検査結果から、原発事故の放射線の影響による甲状腺癌《がん》の増加があると考えていますか。

「現時点で得られてるデータからは考えにくいと申し上げております」

――証人は、200名近くの手術をされていますけれども、ほとんど全てなのか、少なくともほとんどは手術が必要な癌であったというふうに考えておられるわけですね。
「そのとおりです」

鈴木は、福島県で子どもの甲状腺がんが多発しているわけではない、スクリーニング効果だと説明した。スクリーニング効果とは、超音波検査を導入したために、それまで見つからなかったがんがたくさん見つかることだ。鈴木は、福島県で見つかったがんは、すべて手術が必要なものだったと証言した。治療せず放っておいても大きくならず、死ぬまで健康に影響の出ないタイプのがんではなく、手術しなければ気管や食道に広がり、重大なことになるというのだ。
すると矛盾が生じる。被曝が原因でないとすると、福島以外でも、検査をすれば手術を必要とする患者がたくさんいることになる。

――全国には福島県の約70倍の子供がいるんです。福島県で、仮に180名の子供に手術が必要だったんであれば、全国で1万2000人を超える子供たちが手術が必要なはずなんですけれども（後略）

しどろもどろとまでは言えないが、鈴木の証言は、急に明快さを失ったように聞こえた。

「福島県の場合は、（中略）〔被曝という〕一つのリスクファクターがある人に対する検査で、リスクファクターがない地域の人に対して同じことをするということは、（中略）私どものこれから出していくデータをもう少ししっかり見ながら、社会や我々学会の人間たちがいろんな意見を出し合って決めていくんじゃないかと思います」

「今直ちに判断をする時点では、僕は、ないと思ってます」

最後はわかりにくい説明だったが、証言終了後に記者会見した原告側の井戸謙一弁護士は「鈴木教授が、本音では、手術を要する子どもが全国にそんなにいるとは思っていないことを裁判所に感じ取ってもらえたのではないかと思う」と話した。

2020年3月4日には、山下俊一《しゅんいち》長崎大教授の証人尋問も開かれた。山下教授も、福島県民健康調査で見つかり摘出手術をした小児甲状腺がんに、手術の必要がなかったケースは存在しないと認めた。では、被曝の影響でないなら全国で同じ割合で出てくるはずではないかという質問には、山下教授は「今回、福島でこういう検査をしたら、大人で見付かるような癌は、実は子供の頃にできているんじゃないかということが、一つ明らかになってまいりました」と説明した。しかし、山下教授のその説明も、仮説の段階にすぎない。甲状腺がんの増加は、スクリーニング効果なのか、被曝の影響なのか、専門家たちの説明に十分な説得力はなかったように感じられた。

判決は、２０２１年３月１日に言い渡される。

押しつけられた上乗せリスク

「小学生の20ミリシーベルトというのは私には許すことはできません」

事故後に内閣官房参与に就任し、政府の被曝対応に助言していた小佐古《こさこ》敏荘《としそう》東大教授は、２０１１年４月29日、文科省の校庭の利用基準に異を唱えて辞任することを記者会見で明らかにした。福島県の小学校などの校庭で、年間20ミリシーベルト（毎時３・８マイクロシーベルト）まで許容する基準を文科省が採用したことについて「この数値を乳児、幼児、小学生に求めることは、学問上の見地からのみならず、私のヒューマニズムからしても受け入れられがたいものです」「とんでもなく高い数値であり、容認したら私の学者生命は終わり。自分の子どもをそんな目に遭わせるのは絶対に嫌だ」と強く批判した。そして「通常の放射線防護基準に近い年間１ミリシーベルトで運用すべきだ」とも述べた。

事故後、除染や自然減衰の結果、その地域で暮らしても被曝が年間20ミリシーベルトより小さくなると推定されれば、国は避難指示を解除している。

「年間20ミリシーベルトの被曝によるがん致死リスクの上昇は、化学物質のリスク管理に使われる目標値の100倍。およそ社会的に許容できないレベルのものだ」

2020年8月27日、東京地裁で福田健治弁護士はこう訴えた。事故後の避難指示の解除に違法性があったとして南相馬市の住民ら約800人が国を訴えた裁判の結審の場でのことだ。政府が定めた年間20ミリシーベルトの基準の妥当性を直接問う、唯一の裁判である。

一般人の被曝限度は、年間1ミリシーベルトを上回らないよう、国の法令では規制されている。「ところが、事故が起きると、なぜ1ミリシーベルトを超える被曝を甘受しなければならないのでしょうか。なぜ原発事故の被害者である原告たちが、より健康に配慮した放射線の影響からの保護を受けるのではなく、むしろ高い放射線量が残る地域に帰らされるのでしょうか。これが、原告たちの最大の疑問であり、この訴訟が提起された理由です」と福田弁護士は説明した。

国は、年間20ミリシーベルトの被曝による発がんは、喫煙、肥満、野菜不足などに起因するものに比べると少ないと主張している。しかし、20ミリシーベルトの発がんリスクは、環境中の化学物質の規制値が目標とするリスクと比べると、とても大きい。たとえば自動車排ガスなどに含まれるベンゼンの環境基準は、空気中の年間平均濃度が1立方メートルあたり0・003ミリグラムに規制されている。この濃度を超える空気を長く吸い続けると、そのベンゼンが原因で10万人に1人が一生のうちにがんで死ぬと予測されるから、それ以下に抑えようと設定された数値だ。ゼロにするのは困難だが、このレベルまで抑えれば、リスクは受け入れられるという判断だった。一方、20ミリシーベルトの被曝は、それが原因で1000人に1人が一生のうちにがんで死ぬと推定される。なぜ化学物質の規制より、事故の被害に遭った人に適用される被曝の規制値だけが100倍も緩いのか。それが福田弁護士の問いだった。

放射線は、化学物質と異なり、宇宙からも、普通の食べ物からも摂取され、普通の暮らしをしていても年2ミリシーベルト程度は被曝する。ある意味ありふれたものだ。だからといって、事故前に被曝していた以上の上乗せを、それも一企業が事故で放出した汚染物質に起因する被曝を、なぜ受け入れなければならないのか。ベンゼンの規制値が2000年に5分の1に強化されたとき、石油業界は多額の費用をかけてガソリン中に含まれるベンゼンの濃度を下げた。がんを10万人に1人に抑えるためだ。一方、被曝については国の対策や基準が甘いこと、その理由が判然としないことが問われている。

この裁判は、2021年2月3日に判決が言い渡される。

原発被害を受けた人びとの闘い

大切な農地を元に戻して 原状回復求める

土づくりに誇りを持っていた農家にとって、放射性物質が撒き散らされたことは生業を根幹から脅かされる事態だった。福島県大玉村の鈴木博之らは、農家の仲間と一緒に、東電に農地の原状回復を求める訴訟を２０１４年に起こした。鈴木たちの農地は、事故前は放射性物質の濃度が１キログラム当たり50ベクレルだったが、事故後は１０００ベクレルを超え、１万ベクレルに達したところもあった。村による除染は行われた。しかし表土とその下の土を混ぜ合わせる「反転耕」と呼ばれる手法だったので、放射性物質が除去されたわけではなかった。生産したコメが基準値を超えることはなかったが、放射性物質は土に残ったままだ。

鈴木たちは、以下のような項目を求めた。

１　農地に含まれる原発事故由来の放射性物質を全て除去せよ

2　1が認められないならば、東電は、農地に含まれるセシウム137を1キログラム当たり50ベクレルまで低減せよ

3　2が認められないならば、東電は、農地の土壌の表面から30センチ以上を取り除き、その上に客土〔汚染されていない土を持ってくる〕を行え

4　1から3が認められないなら、東電は、原告の農地所有権が放射性物質によって違法に妨害されていることを認めること

損害賠償ではない。ただただ、事故前の農地に戻すことを求めた。

裁判は長引いた。一審（福島地裁郡山支部）は原告の請求を却下。控訴審の仙台高裁は一審に差し戻し。それを違法として東電は上告。最高裁は東電に上告理由がないとして、差し戻しが確定した。

差し戻しの一審判決（福島地裁、2019年10月15日）は、原告の請求を認めなかった。「事故に由来する放射性物質は、原告らの農地と同化して土地の構成部分となるため、東電が支配しているとは言えない」という理由だった。そして、原告らが自分たちで客土工事をして、その費用を東電に請求する余地があるから、救済の方法がないとも言えないとして、東電に客土させることも認めなかった。

客土は1ヘクタールに5000万円かかるとも言われる。東電が賠償するかどうかわからないのに、それを自己負担して工事すればいい、と福島地裁は言うのだ。

2020年9月15日、仙台高裁は控訴も棄却した。鈴木らは上告している。

「心情的には共感を禁じ得ない」が却下

前述した生業訴訟（『生業を返せ、地域を返せ！』福島原発訴訟」）でも、原告は、東電や国に対して、住んでいた場所の空間線量率を事故前と同じレベルの毎時0・04マイクロシーベルト以下にするよう請求していた。しかし仙台高裁はこの請求を却下した。以下のような理由を挙げている。

○被告の東電や国のなすべき除染工事の内容が特定されていない
○実現可能な工事の具体的内容が特定されていない
○除染関係ガイドラインに定められた方法で工事したとしても、0・04マイクロシーベルト以下に低下することが保証されていない

判決は「原告らが、本件事故によって放出された放射性物質について、自分たちが受容し、その線量や影響を受忍しなければならないいわれはなく、何としてでも本件事故前の状態に戻してほしいとの切実な思いや」、東電や国に「どのような手段をもってしても原

状回復をすべきであるとの強い思いに基づく請求であることがうかがわれ」としている。そして、「心情的には共感を禁じ得ない」とするものの、民事訴訟の手続きでは法的に原告の請求を実現できないとして却下している。

前双葉町長、一人でも闘う

「事故の責任が曖昧なままにされ、間違いが正されないことを許すことができません。原発事故から始まった様々な被害については、全部事故の責任者が負担をして、落度のないように、救済と賠償・補償をしなければなりません。史上最大の原発事故には史上最大の救済が必要です。いい加減な対策で済ませることはできません。被害者に頑張らせたり、我慢させたりするのは政策的には間違いです」

福島第一の地元、双葉町の前町長である井戸川克隆は、東京地裁の法廷で2015年8月21日、こう訴えた。

井戸川は、被曝と避難によって精神的苦痛を受けたなどとして、東電と国に1億4650万円の損害賠償を求める裁判を起こしている。その第1回の口頭弁論での意見陳述だった。

陳述書にはこう書いた。

「私は、原発の恐ろしさを強く感じていたので、時折町長応接室を訪ねてくる東京電力の責任ある方たちや、資源エネルギー庁及び原子力安全・保安院の方たちに対し、原発の安全の確保について問い質してきました。しかし、彼らは、決まったように、『何かあれば「止める、冷やす、閉じ込める」が完全に出来ますので、外部に放射能は出しません。大きな事故は有り得ません。』と豪語するだけで、具体的な説明はしませんでした。

それにもかかわらず、今回の原発事故が起きてしまいました。あれだけ原発の安全性を強調していた国や東京電力は、どのような安全対策を採っていたと言えるのでしょうか」

井戸川は、刑事裁判の判決についても批判している（株主代表訴訟に出した意見書）。判決は「東京電力のとってきた本件発電所の安全対策に関する方針や対応について、行政機関や専門家を含め、東京電力の外部からこれを明確に否定したり、再考を促したりする意見が出たという事実も窺われない」としていた。しかし井戸川は、もし東電から津波水位の計算結果を知らされていれば、双葉町長として、町民や町を守るために必ず「原発を直ちに止めろ」と要求し、保安院に対しても原発を直ちに止めろと求めていたというのだ。そして、双葉町はそれを知らされてすらいなかったのに、「東京電力の外部から意見が出ていない」と断定するのはまったく誤りだと述べている。

声を上げられなかった人にも救済を

いわき市民1512人が国と東電に慰謝料支払いと原状回復を求めた訴訟（いわき市民訴訟）が、2020年10月21日に福島地裁いわき支部で結審した。事故からちょうど2年後の2013年3月11日に提訴してから7年半もかかり、その間に原告55人が亡くなった。判決は2021年3月26日に言い渡される。

原告団長の伊東達也は、結審の意見陳述で「私たち原告団は、原告団だけが救われればいいとは思っていません。裁判で国と東電を断罪してください。それをもって、私たちは原告になっていない人をはじめ、今まで声をあげたくとも上げられなかった全ての被害を受けた人びとの救済を行政府と立法府に求めていきます」と述べた。

生業訴訟の原告団も、高裁判決までに原告100人近くが亡くなった。救済を急ぐため国や東電に上告しないよう申し入れていたが、両者とも上告した。最高裁に進めば、さらに何年もかかる可能性がある。

責任を追及し、生活を元に戻すための賠償を得る。そんなあたりまえのことを求めて、被害者たちは立ち上がり、国や東電という巨大な組織を相手に、長い長い裁判を戦い続けている。

第4章　原発はいまどうなっているのか

国策だった半世紀

もう半世紀も前になる。１９７０年3月、日本で初めての万国博覧会が大阪府吹田市《すいた》で開幕した。テーマは「人類の進歩と調和」、科学技術の力で明るい未来がすぐにも実現されると多くの人が無邪気に信じていた時代だ。アポロ11号が持ち帰った月の石の展示（アメリカ館）などが人気を集め、半年間の会期に約６４００万人が訪れた。東京ディズニーランドとディズニーシーを合わせた年間入場者の倍にのぼる。会場には、運転を始めたばかりの敦賀《つるが》原発や美浜《みはま》原発から送電され、「万博会場に原子の灯《ひ》」とニュースになった。最先端の科学技術の一つとして、原発はまだピカピカしていた。

福島第一が設置許可申請を出した翌年の１９６７年に日本の人口は1億人を突破し、その後も年１００万人以上増え続けた。１９６０年代の経済成長率は年平均10％を上回り、68年には国民総生産（ＧＮＰ）が西ドイツを抜いて米国に次ぐ世界第2位になった。通商産業省は、１９７０年に発行したパンフレット「原子力発電 その必要性と安全性」で、60年代に電気の消費量は約3倍に増え、さらに今後20年で約5倍になると説明していた。

「国民生活の向上、経済の発展に伴って電気の需要量も増加の一途をたどってきましたが、今後も引き続き毎年約10パーセントの増加が続くものと予想されます。このため、従

前からの水力、火力とともに、今後は、原子力発電所の建設をすすめる必要がますます大きくなってきました」（同パンフレット）

第四次中東戦争で石油価格が上昇した第一次石油ショックの後の改訂版（1976年）には、こんな文言も加わった。「今後はできる限り石油への依存度を低め、エネルギー源の国産化多様化を推進し、供給力の安定確保を計ることが必要であります。特に、わが国のエネルギー需要の四分の一に応えているわが国の電力事業はその発電形態として石油火力発電に著しく傾斜しているので、電源多様化の中心とされる原子力発電を一層推進することが急務であります」

原発の利点は、こう説いていた。

「ウラン1グラムが完全に燃えた場合、石油約2000リットルに匹敵する熱を出すことができるからです」「たとえば、出力100万キロワットの発電所を1年間運転するには、重油を燃料とすると20万トン級タンカーで7隻分、約140万キロリットル（重量で約136万トン）の重油を必要とします。これに対し、濃縮ウランを燃料とすると、わずか32トン（二酸化ウラン）ですみます」

世界一になった福島第一

福島第一1号機は、万博翌年の1971年3月26日に運転を開始した。商用の原発としては国内で4番目だった。当時の新聞には「最大出力46万キロワットで首都圏に供給される。この原子力発電所のデビューで、最大電力量もふえ、夏場の電力ピンチもちょっぴり一息つく」（朝日新聞3月25日朝刊）と書かれている。

2号機（74年運転開始）、3号機（76年）、4号機（78年）、5号機（78年）、6号機（79年）と続き、84年には総発電量が2000億キロワット時を超えて、福島第一は当時、発電量世界一の原発になった。

82年に福島第二1号機も運転を開始。同4号機（87年）まで動くと、福島県内に10基の原発が揃った。事故前には、福島第一7、8号機や、東北電力の浪江・小高原発も計画されていた。

福島第一が運転を始めるまでは、東電が発電する電力のうち、福島県で発電される量は1%ほどだった。それが福島第二の運転が始まった82年には3割を超えた。国内の原発の発電能力のうち、その時点で3分の1が福島県浜通りに集中していた。そして福島県内で発電された電力の9割近くは県外で使われていた。

「双葉郡は率直に言って、本県の後進部と申してもよろしいと思う」。1960年12月の福島県議会で、佐藤善一郎《ぜんいちろう》知事は、原発誘致についての質問にこう答えていた。それが80年代には、世界有数のエネルギー基地になったのだ。

1988年、「原子力 明るい未来のエネルギー」と書かれた幅16メートルもある大きな広告看板が、福島第一の地元である双葉町の駅前に掲げられた。

事故後、2年間ゼロから9基再稼働、22基廃炉

そして、2011年3月を迎える。事故後、全国各地の原発は次々と止められ、2012年5月5日に、北海道電力の泊3号を最後に国内50基すべてが停止した。国内で原発ゼロになるのは、42年ぶりのことだった。

夏場の電力不足に備えるという名目で、関西電力大飯3・4号が12年7月から13年9月まで一時的に再稼働したものの、その後再び原発ゼロが続いた。15年8月に、九州電力川内《せんだい》1号が新規制基準を満たした最初の原発として稼働するまで約2年間、日本では原発が一つも動いていない状態だった。代替の火力発電で燃料費がかさむなどと言われたが、原発がなくても電力不足にならないことは示された。

事故の後、安全対策の強化が経済的に見合わない、技術的な困難などの理由で廃炉も相

日本の原発の現状　（2020年11月24日現在）

再稼働した原発（9基）		
会社	発電所	営業運転再開
九州電力	川内1号	2015年9月10日
	川内2号	2015年11月17日
	玄海3号	2018年5月16日
	玄海4号	2018年7月19日
四国電力	伊方3号	2016年9月7日
関西電力	高浜3号	2016年2月26日
	高浜4号	2017年6月16日
	大飯3号	2018年4月10日
	大飯4号	2018年6月5日

原子力規制委員会の審査に合格済み（7基）		
会社	発電所	許可日
関西電力	高浜1号	2016年4月20日
	高浜2号	2016年4月20日
	美浜3号	2016年10月5日
日本原子力発電	東海第二	2018年9月26日
東京電力	柏崎刈羽6号	2017年12月27日
	柏崎刈羽7号	2017年12月27日
東北電力	女川2号	2020年2月26日

次いだ。福島第一、第二を含む22基が廃炉になった。

現在、再稼働しているのは9基しかない。それに加え、設置変更許可を得ているものが7基、審査中が11基だ（表）。

原発による発電量は、ピークだった1998年度に比べ、2019年度は5分の1にとどまっている。2000年度には電力の3分の1を原発が生み出していたが、2019年度は6％だった。

事故で変わった世論

事故で、世論も大きく変わった。

朝日新聞の調査で、事故前は原子力発電を「減らすほうがよい」と「やめるべきだ」の合計は28％（2007年4月）。事故後は「原子力発電を利用することに反対」が57％、「原子力発電を段階的に減らし、将来はやめることに賛成」が77％に上った（2011年12月）。

その傾向は2020年2月になっても、大きく変わらなかった。「あなたは、いま停止している原子力発電所の運転を再開することに賛成ですか。反対ですか」という質問に、賛成29％、反対56％、その他・答えないが15％だった。

また日本原子力文化財団の世論調査では、「原子力に対する信頼」が、大きく損なわれていた。「原子力に携わる専門家や原子力関係者を信頼できると思いますか」で、事故前（2010年9月）は「どちらかといえば信頼できない」「信頼できない」は計8・9％だったが、事故後（2011年11月）は30・7％になった。「原子力の安全管理や規制は国や自治体によって行われています。あなたは、国や自治体を信頼できると思いますか」に、「どちらかといえば信頼できない」「信頼できない」は14・6％だったのが、23ポイント増えて37・6％になった。信頼できない理由として、「情報公開が十分されていないから」71・1％、「管理体制や安全対策が不十分だから」61・1％などが挙げられた。

国際的な動向

事故に敏感に反応したのはドイツだ。ドイツ政府は2011年7月に2022年までの原発廃止を決めた。物理学者だったメルケル首相は東電事故前、前政権時の方針だった原発の稼働停止を稼働延長に転換していたが、「福島第一原発の事故は、原子力についての私の考え方を変えた」と述べ、廃止に舵《かじ》を切った。

首相の諮問《しもん》機関「安全なエネルギー供給に関する倫理委員会」による報告の要点は以下の6つだ。

・原子力発電所の安全性は高くても、事故は起こりうる。
・事故が起きると、ほかのどんなエネルギー源よりも危険である。
・次の世代に廃棄物処理などを残すことは倫理的問題がある。
・原子力より安全なエネルギー源が存在する。
・地球温暖化問題もあるので、化石燃料を代替として使うことは解決策ではない。
・再生可能エネルギー普及とエネルギー効率化政策で、原子力を段階的にゼロにしていくことは、将来の経済のためにも大きなチャンスになる。

(『ドイツ脱原発倫理委員会報告』より、吉田文和の解説)

韓国も２０１７年に、新規原発の白紙化や設計寿命の尽きた原発の廃炉方針を表明した。公益財団法人・自然エネルギー財団の報告書（２０１９）によれば、このほかスイス、ベルギーが原発からの段階的撤退を進めている。米国、英国といった原発をもっとも早い時期から稼働させていた国でも、自然エネルギーの拡大によって原発の役割は低下。中国、インド、サウジアラビアでは原発が徐々に増えているが、それをはるかに上回る規模で自然エネルギーが拡大している。

全世界の発電電力量に占める原子力の割合は、１９９６年には17％だったが、２０１７年には10％まで低下、２０４０年には９％と予測されている。

原子力規制委員会の発足

事故当時、原発の規制は、原子力安全・保安院と原子力安全委員会のダブルチェック体制となっていた。例えば地震については、安全委が耐震設計審査指針を策定し、それに基づいて保安院が審査し、その結果をさらに安全委がダブルチェックするという流れになっていたが、チェック機能が働いていなかったことは前述のとおりだ。

保安院は２００１年の省庁再編時に、原発を推進する経産省の資源エネルギー庁のもとにおかれた。保安院の人事も経産省が支配し、経産省キャリア組が出世コースとして通過する部署だった。「あの時代は異常でした」と吉岡斉九大教授は話していた。

例えば2002年から2004年まで保安院で原子力発電安全審査課長を務めた平野正樹。02年8月、同課の担当者が津波地震の計算を東電に拒否され、仙台高裁の判決で「そもそも平成14〔2002〕年8月頃の一審被告国の調査が不適切であったというほかない」「規制当局に期待される役割を果たさなかったものといわざるを得ない」と厳しく批判された当時の課長だ。平野はその後、経済産業省通商政策局通商交渉官（部長級）の地位で退官後、中国電力に入社。18年には副社長に就任した。平野は取材に対して「2002年当時、担当からそのような話を聞いた事実はなく、承知していない」と回答している。

森山善範は2006年から2009年まで同課長、その後、原子力安全基盤担当の審議官（部長級）に昇任している。保安院が東電と一体化してJNESによる安全性チェックを阻止しようとしたとして、仙台高裁に「原子力規制機関の担当官としては誠にあるまじき言動であったといわざるを得ない」と見なされた2009年9月ごろは、森山が課長から審議官に移って1か月余りのころだ。

翌年には、保安院は福島第一3号機のプルサーマル計画を円滑に実施させるために、貞観津波の審議を回避していた。津波の審議をしてプルサーマル計画が進まないと「エネ庁から非難される可能性があった」と森山は検察に供述していた。森山は事故後、日本原子力研究開発機構理事、資源エネルギー庁原子力技術戦略総括研究官を経て、20年に鹿島《かじま》建設の執行役員に就任している。

2012年9月、新たな原子力規制機関として、原子力規制委員会と、その事務局を担う原子力規制庁が発足した。エネ庁のもとにあった保安院の原子力部門と安全委を統合し、環境省の外局としておかれた。原発推進側の経産省から切り離したことは評価されている。ただし規制庁は、保安院やJNESから移ってきた職員が多くを占めており、「事故の責任追及の矛先から逃れるために看板を掛け替えただけ」とも揶揄《やゆ》された。

規制委は、新しい規制基準をとりまとめ、13年7月からそれにもとづいて既設の原発の審査もやり直し、再稼働の手続きを進めた。2015年8月の九州電力川内1号機を手始めに、原発は再び動き始めた。

はやくも科学から離れた規制委

新規制基準は、地震や津波への対策が強化されたことに加え、火山、竜巻、航空機を使ったテロなど、より幅広いリスク要因に備えられるよう強化したとうたわれている。「既設炉の不合格を出さないために、少し努力すれば合格できる相場感で作られた基準」（吉岡斉）という批判もあったが、地震、特に活断層の審査は厳しくなったように見えた。保安院時代の活断層審査では、電力会社と審査する専門家の癒着が指摘されていた（国会事故調報告書）。規制委のもとでメンバーを入れ替えて改めて評価し直すと、運転できない原発が続々出てきた。原発直下に地震のときにずれ動いてしまう断層があると指摘された敦賀（福井県）、志賀（石川県）、泊（北海道）は、電力会社側が反論しているものの、いまだに再稼働できていない。

一方、火山の評価では、規制委は早くも科学から離れた政治的判断を見せた。広島高裁（野々上友之《ののうえともゆき》裁判長）は２０１７年12月13日、四国電力伊方３号機の運転差し止め仮処分の抗告審で、運転を禁じる決定をした。約１３０キロ離れた阿蘇山の噴火リスクを原子力規制委員会の審査内規「火山影響評価ガイド」に従って検討すると「立地不適」になるとの判断だった。前年に再稼働したばかりの原発差し止め決定に、関係者の衝撃は大きかった（18年9月に、広島高裁の三木昌之裁判長が、四電の保全異議を認めてこの決定を取り消した）。

今から約７３００年前、九州の南約40キロの海底にある鬼界《きかい》カルデラが巨大噴火を起こし、南九州の縄文文化を一時壊滅状態にした。こんな規模の噴火が日本では１万年に１回程度発生しているが、そのときは当然、原発も無事では済まない。「破局噴火」という言葉を世間に知らしめた石黒燿《あきら》の小説『死都日本』には、20××年に霧島火山の破局噴火による火砕流が60キロ離れた九州電力川内原発を破壊して東シナ海に勢いよく押し出してしまう恐ろしいシーンが登場する。幸いなことに、小説では噴火が5か月前に予測され、核燃料の撤去がぎりぎり間に合って「日本列島は今世紀いっぱい人が住めなくなる可能性」は回避された。しかし現実の世界では、そんな予測はできないだろうと専門家は口をそろえている。

広島高裁の判決に登場する火山影響評価ガイドは、規制委が2013年に新規制基準の内規としてつくった。原発から160キロ以内に火山がある場合は、火砕流などが及ぶ可能性が「十分小さい」と評価できなければ、原発の立地に適さないと見なされる。

具体的には3段階で判断する。

①原発運用期間中に検討対象火山が噴火する可能性は十分小さいか。
　十分小さいと判断できない場合は

②検討対象火山の調査結果から噴火規模を推定する。推定できない場合は、過去最大の噴火規模で想定する。

③設定した噴火による火砕流が原発に到達する可能性が十分に小さいか判断する。十分小さいと評価できなければ立地不適とする。

広島高裁の野々上裁判長は、藤井敏嗣《としつぐ》火山噴火予知連絡会会長ら専門家の意見をもとに、①現在の火山学の知見では阿蘇山が噴火する可能性が十分小さいと判断することはできず、②噴火規模の推定もできない、と判断。③のルールで、阿蘇山の過去最大の約9万年前の噴火を想定し、火砕流が伊方原発に到達する可能性が十分小さいか検討した。その結果、四国電力による調査やシミュレーションからは「可能性が十分小さい」とは言えないから、原発の立地は認められないと判断した。

運転を禁止する裁判所の決定には、電力会社だけでなく、規制委自身も困ったようだった。事務局の規制庁は2018年3月7日、とても不思議な文書を出した。タイトルは「原子力発電所の火山影響評価ガイドにおける『設計対応不可能な火山事象を伴う火山活動の評価』に関する基本的な考え方について」(以下、「基本的考え方」)。この「基本的考え方」は、火山影響評価ガイドを実質的に無効にしてしまうものだった。規制委が自らつくったガイドに素直に従えば、伊方だけでなく、川内、玄海《げんかい》(以上九州電力)、泊(北海道電力)など、巨大噴火のリスクが大きい原発の運転が難しくなる。それを避けるため、ガイドの骨抜きをはかる目的だった。

「基本的考え方」にはこう書かれている。

「現在の火山学の知見に照らし合わせて考えた場合には運用期間中に巨大噴火が発生す

る可能性が全くないとは言い切れないものの、これを想定した法規制や防災対策が原子力安全規制以外の分野においては行われていない。したがって、巨大噴火によるリスクは、社会通念上容認される水準であると判断できる」

ようするに、原発以外の一般の防災は巨大噴火に備えていないから、原発も備えなくても容認されるのが「社会通念」だというのだ。

しかし原発の規制のあり方としては非論理的だった。原発では、約12〜13万年の間に1回だけ動いた活断層や、1000万年に1回以上の航空機落下による火災も想定している。地震の揺れも、想定しているのは10万年に1回レベルの強い揺れだ。いずれも一般防災の世界では考慮していない。それなのに、火山災害だけは原発以外の分野で想定していないことを理由に、1万年に1回の巨大噴火を無視しようとした。国際原子力機関（IAEA）は、原発が大規模な事故を起こす確率を10万年に1回より小さくする目標を設けている。規制委は、事故確率を100万年に1回に抑える、さらに高い目標を掲げていた。ところが「基本的考え方」は、1万年に1回の火山噴火による事故を容認し、自身の目標を100倍緩め、国際基準よりも10倍危険度の高いものにしてしまうことになる。

「何ものにもとらわれず、科学的・技術的な見地から、独立して意思決定を行う」という活動原則を掲げている規制委だが、社会通念という曖昧な理由で、発足からわずか6年で、科学的ルールから逸脱を始めてしまった。そこには、すぐには大きな津波は来ないだろうとたかをくくって対策を先延ばしにした東電や保安院と同じ姿勢の病理が垣間見える。

なし崩しの40年超運転

原発の運転期間についても「例外」が続出した。

事故後に改正された原子炉等規制法には、運転期間を40年とすることが明記されている。古い原発は、取り替えできない部品が劣化したり、設計の考え方が古くて安全性が劣っていたりして、新しい原発と比べると事故の危険性が大きくなることが心配されたからだ。規制委の認可を受けて、一回に限り20年を超えない期間で延長できるとも同法は定めているが、野田佳彦首相は２０１２年１月に国会で「40年を超えて運転することは、極めて例外的なケースに限られる」と説明。規制委の田中俊一委員長も、12年9月には「40年前の設計は、やはり今これからつくろうとする基準から見ると、必ずしも十分でないところがある。20年延長は相当困難なことであろうと思います」と話していた。

ところが規制委は16年2月に、関西電力高浜1号（運転開始１９７４年）、2号（同75年）の運転延長を認めた。このときの記者会見では、田中委員長は「20年延長は標準になるのか」という記者の問いに「これは何とも言えないですね」「例外とか例外でないという言い方は正しくない。一つ一つ見ていく」と、表現が変わっていた。

この後規制委は、美浜3号（同76年）、東海第二（同78年）と、40年超の古い原発の運転を次々認めていく。

本当に避難できるのか

福島第一の事故で明らかになった大きな問題は、原発それ自体以外にもある。避難することの重要性がずっと軽視されてきたことだ。そこで政府は避難計画を義務付ける範囲を、8～10キロ圏から30キロ圏に拡大した。しかしその計画が実際にうまく機能するのかが懸念されている。

東海第二は18年9月に運転の許可を得て、現在、地元自治体が避難計画づくりを進めている。30キロ圏内に全国最多の約94万人が住んでおり、事故前の福島第一の30キロ圏内人口に比べると約7倍にもなる。東京駅から直線で120キロ、首都圏にもっとも影響の大きい原発でもある。上岡直見《かみおかなおみ》は『原発避難はできるか』で、東海第二からの避難が実際に可能なのか検証している。例えば交通渋滞の問題だ。東海第二の30キロ圏内で1世帯に1台の自動車が動き出すと仮定する。圏内の道路総延長は片側2車線道路が374キロ、1車線が2241キロ。車の密度は1キロ当たり130台近くになり、ほとんど車列は動かない状態になると推定されるという。

そもそも、避難が30キロ圏内で収まる保証もない。事故対策が強化されたことを理由に、福島の事故を上回るような放射性物質の放出は起きない想定で、避難計画は作られている。福島第一では、たまたまの条件が重なって放射性物質の放出が拡大しなかったという事実は考慮されていない。

腐敗続く原子力ムラ

電力会社の実態が、事故後も変わっていないことを露呈する事件も起きた。関電の元役員らが福井県高浜町元助役の森山栄治《えいじ》（故人）から長年にわたって多額の金品を受け取っていたことが、２０１９年９月に共同通信のスクープで発覚した。金品を受け取っていた社員は77人、計３億６０００万円相当にのぼった。森山は自分の関係企業４社に原発の工事を発注するよう関電役員に要求し、関電側はそれに応じていた。関電は２０１８年の社内調査でこの事実をつかんでいたが、経営陣が結果の公開を止めさせていた。

事件発覚後、八木誠関電会長は、「地元にそっぽを向かれたら原子力事業は成り立たない。『森山先生の機嫌を損ね、原発再稼働がうまくいかなくなったら』と考えてしまう」と動機をあけすけに語っていた。

東日本大震災後に役員報酬の一部を削ったように見せかけて、元役員18人に計2億6000万円を払い、あとから秘密裏に補塡《ほてん》していたことも判明した。関電は20年6月に、八木誠前会長ら元取締役5人に対して計19億3600万円の損害賠償を求め大阪地裁に訴訟を起こした。また、森詳介《しょうすけ》元会長、八木誠前会長、岩根茂樹前社長、ほかの元役員ら計9人について、大阪地検特捜部は会社法違反（特別背任、収賄）などの容疑で告発状を受理した。地元自治体と電力会社の闇の関係が法廷で明るみに出ることが期待されている。

「原子力政策は嘘だらけ」

「日本の原子力政策は嘘だらけでここまでやってきた」

月刊誌『選択』2019年11月号の巻頭に掲載された田中俊一前原子力規制委員会委員長（2017年退任）のインタビューは、その刺激的な文言が原子力業界で話題になり、衆議院の環境委員会でもとりあげられた。

――関西電力の幹部が原発立地自治体の元助役から多額の金品を受け取っていることが発覚しました。

田中：福島第一原発での事故を踏まえて考えると、原子力業界が姿勢を徹底的に正さなければ、日本の原子力に先はない。残念ながら原子力政策の見直しもされないままなので、この国の原発はフェードアウトする道を歩んでいると眺めている。

――原子力政策のどこがまちがっていたのでしょう

田中：日本の原子力政策は嘘だらけでここまでやってきた。結果論も含め本当に嘘が多い。最大の問題はいまだに核燃料サイクルに拘泥《こうでい》していること。使用済み燃料を再処理して高速増殖炉でプルトニウムを増やして一千年、二千年分の資源を確保するという罠《わな》に囚われたままである。一千年後の世界がどうなっているかなんて誰にもわからない。技術的にもサイクルが商用レベルで実用化できる可能性はなく、現に米国、英国、フランスが断念している。

――ではなぜ、いまだに核燃料サイクル路線を放棄しないのでしょう。

田中：いままで「数千年のエネルギー資源が確保できる」という嘘を言い続けてきたからだ。日本の原発はそうした嘘で世論を誤魔化しながらやるという風土があった。そこにつけ込まれて、今回のように、原発マネーを狙う汚い人間が集まってくる原因にもなった。

核燃料サイクルとは、原発で使い終えた核燃料から、ウランやプルトニウムを回収し、再び核燃料として使う仕組みだ。その中心となる、高速増殖原型炉「もんじゅ」（福井県敦賀市）と核燃料再処理工場（青森県六ヶ所村）は、福島の事故以前から動かせる目処《めど》が立たなくなっていた。

「高速増殖炉は、発電しながら消費した以上の核燃料を生成することのできる原子炉であり再処理施設とともに将来の核燃料リサイクルの中核をなすものである」（１９９５年版原子力白書）と位置付けられていた高速増殖原型炉「もんじゅ」。１９８５年に着工、１９９５年８月には初めて送電に成功した。ところが同年12月に、試験中に冷却材のナトリウムが漏れて火災を起こして止まった。改造工事を経て２０１０年に試験運転を再開したが、今度は３・３トンもある装置を原子炉内に落とし、再び運転が止まった。規制委は工程管理の問題などを指摘し、ついに２０１６年に廃炉が決まった。約１兆１０００億円費やしたのに稼働後22年間で２５０日しか動かせなかった。そして、２０４７年までかかるという廃炉に約３７５０億円かかる。

青森県六ヶ所村に建設中の再処理工場も、なかなか完成しない。事業者の日本原燃は20年８月、完成時期を１年延期して22年にすると発表した。しかし、田中前規制委員長のインタビューにもあったが「嘘だらけ」なので、信じている人は少ない。１９９３年に着工、当初の完成予定は１９９７年だったのに、設備のトラブルなどで延期は今回で25回目、すでに25年も遅れているからだ。再処理工場にはすでに2・9兆円の建設費が注ぎ込まれており、総事業費は13兆9000億円と試算されている。しかも再処理工場が完成したとしても、取り出したプルトニウムを消費する方法がなくて困ることになる。燃やす役割を果たす「もんじゅ」がすでに廃炉になってしまっているからだ。

完全に行き詰まっている核燃料サイクル政策をやめられないのは、今までついてきた嘘を、誰も清算しようとしないからだろう。核燃料サイクルの一端であるプルサーマル計画を優先するために、福島第一での津波評価を保安院は怠り、事故を防ぐ機会を一つ潰したことも忘れてはいけない。

エネルギー需要の変化

最後に、これからも原発は必要とされるのか、見ていきたい。

1970年万博当時の予測よりは小さかったが、電力の消費量は1973年度から2007年度の間に2・6倍に増えた。しかし2010年度をピークにすでに減少に転じており、2018年度までに9%減った。民間のシンクタンク日本総合研究所は、2050年の電力消費は2016年比で2割減ると予測している。人口減少や省エネが進むためだ。

日本の人口は2008年の1億2808万人をピークに減少に転じた。2020年12月

１日現在では１億２５７１万人で、すでに２３７万人、約２％減った。２０５３年には、１億人を割って９９２４万人になると推計されている（国立社会保障・人口問題研究所の将来推計人口中位推計）。一方、65歳以上の人口は２０１５年の約４人に１人（26・６％）が、２０６５年には２・６人に１人（38・４％）になる。

１９７０年大阪万博のころ、人口は毎年１００万人以上増え続け、65歳以上の高齢者の割合は、14人に１人（７・１％）だった。日本社会は、すっかり様変わりしたのだ。

崩れた「安い」神話

「原子力発電は一般的に発展の余地が大きく、将来、発電コストが相当大幅に低下することは当然予想される」

「コストの点からみれば初期においてすでに在来の火力と匹敵」

「一方火力発電の場合は、建設費の大幅な値下がりや、燃料の大幅な低下を期待することはできない」

日本初の原子炉が稼働した翌年、１９５８年に発表された原子力白書は、原発のコストについて楽観的な文章に満ち溢れていた。このときの試算結果は１キロワット時当たり４・７５円。ただ、それには事故リスク対応費用や、高レベル放射性廃棄物の処分費などは含まれていなかった。福島原発事故前の時点で示されていた値は5・9円（04年試算）だった。福島原発事故の後、経産省の審議会が出した報告書（15年）によると、「10・1円以上」になった。「以上」は、高レベル廃棄物の処分費用、福島事故の処理費用の推計などに不確実さが残ることを示している。現在主力の天然ガス火力は13・7円、水力11円などと試算していた。自然エネルギー財団の計算によると、安全対策の強化費用などを入れた再稼働による電気のコストは、女川2号機で最低でも1キロワット時当たり12・5円～13・1円、東海第二で8・6円～9・6円。太陽光の7・6円や、陸上風力の10円と比べても、すでに安いとは言えなくなっている。

2020年まで約8年続いた安倍晋三政権は、「アベノミクス」の成長戦略の一つに原発輸出を掲げていたが、これも見込めなくなった。輸出を当てこんでいた先のリトアニアは12年、ベトナムも16年に原発計画を中止。18年12月には三菱重工がトルコ・シノップ原発から費用がかかりすぎるとして撤退。日立製作所は20年9月、英国・ウェールズで計画していた新規原発建設プロジェクトから撤退すると発表した。2基の原発の建設費用が3兆円にのぼるため、経済的に見合わないからだった。

気候変動対策の視点で原発を後押しする動きもくすぶっている。しかし、太陽光発電パネルの1ワット当たりの価格は、1975年から2020年で約500分の1に下がるなど、自然エネルギーの技術革新は急激に進んでいる。一方で原発は、安全対策費、事故の後始末費用、これから何万年もかかる廃棄物処理費用の上乗せこそ今後もあるものの、安くなる見込みはない。

原発は「国の豊かさ」にそぐわない

大飯３、４号機の運転差し止めを住民らが求めた裁判で、福井地裁の樋口英明裁判長は２０１４年５月21日、地震対策の不備などの理由で、関西電力に運転差し止めを命じた。

樋口裁判長は、「福島原発事故においては、15万人もの住民が避難生活を余儀なくされ、この避難の過程で少なくとも入院患者等60名がその命を失っている。家族の離散という状況や劣悪な避難生活の中でこの人数を遥かに超える人が命を縮めたことは想像に難くない」「原子力発電技術の危険性の本質及びそのもたらす被害の大きさは、福島原発事故を通じて十分に明らかになったといえる」と述べた。

関電は、原発の稼働が電力供給の安定性やコストの低減につながると主張していたが、樋口裁判長は「運転停止によって多額の貿易赤字が出るとしても、これを国富の流出や喪失というべきではなく、豊かな国土とそこに国民が根を下ろして生活していることが国富であり、これを取り戻すことができなくなることが国富の喪失であると当裁判所は考えている」とそれを退けた。格調高い判決文だった。

名古屋高裁金沢支部（内藤正之裁判長）は18年7月にこの判決を取り消し、住民側の請求を棄却した。しかし20年12月4日、今度は大阪地裁（森鍵一裁判長）が、地震について規制委の審査に不備があるとして、大飯3、4号機の設置許可を取り消した。審査方法はすべての原発で共通なので、この判決の影響は大きい。

半世紀前には期待の星だった原発ではあるが、安全の確保が難しいことは、東電の事故を見れば、もう誰の目にも明らかだ。さらに売り文句だった「安さ」も自然エネルギーに負けつつある。国がいくら無理押ししようとも、前規制委員会委員長が指摘するように消えてゆく運命なのだろう。

あとがき

福島第一原発が立地する福島県双葉町に２０２０年9月、東日本大震災・原子力災害伝承館が開館した。国が53億円の事業費を負担して、福島県が運営している。開館から３か月で約３万人が訪れた。

20年３月に9年ぶりに全線開通したＪＲ常磐線の双葉駅から貸し自転車で約２キロ離れた伝承館に向かえば、街の様子もわかる。事故当時人口７１４０人だった双葉町には、まだ誰も住んでいない。シャッターが壊れ大きくめくれた消防団詰所、窓ガラスが壊れ商品が散乱した商店など、10年前そのままの光景が点在する。途中にある県が設置したモニタリングポストの値は毎時４・２マイクロシーベルト、事故前の約１００倍だ。

３階建て約５０００平方メートルの伝承館には「災害の始まり」「事故直後の対応」「長期化する原子力災害の影響」など6つの展示ブースがある。モニタリングカーが事故直後に測った放射線の値の書かれたホワイトボード、消防士の装備など実物のほか、映像や模型も使って、原発事故の様子を残そうとしている。

展示を見終わると奇妙なことに気づく。高い津波が襲ってきました、福島第一は放射性物質を漏らしました、住民たちは長く苦労し、それでも復興に挑戦しています、という流れで展示されている。「なぜ、事故は起きたのか」にはまったく触れていないのだ。

国や東電は「絶対事故を起こさない」と説明していたのに、どうして事故を防げなかったのだろう。事前の対策は十分だったのか。津波に襲われた原発は他にもあったのに、なぜ福島第一だけ事故を起こしたのか。そんな疑問に伝承館の展示や説明は何も答えてくれない。つまり第2章で示した国や東電が事故前に何をしていたかという内容は、すっぽり抜け落ちている。

伝承館には、事故を経験した人たちの生の声を聞くことができる「語り部講話」の部屋もある。ところが朝日新聞の報道（2020年9月22日）によれば、伝承館は語り部に対して東電や国の批判をしないよう求め、原稿を確認、添削しているのだという。

国や東電の責任問題について裁判は続いており、まだ最高裁で確定していない。それでも地裁や高裁はどんな判決を下しているか、現状を知らせることはできるだろう。また東電の津波対策が東北電力や日本原電より劣っていた事実を示す客観的な証拠は数多くある。それを展示することも可能なはずだ。

伝承館は「記録と記憶を、防災・減災の教訓として、みらいへつないでゆく」とうたっている。県内の学校が伝承館を訪れるときは、バス1台に11万円から15万円の補助を出すなど利用を促している。しかし「どうしたら事故は防げたのか。失敗はどのように引き起こされたか」という防災の大切な教訓は、今の展示では伝わらない。

水俣病は、発生源と原因物質をめぐる科学論争で被害救済が遅れてしまった。東電原発事故でも同じように、国自身が公表した地震予測である長期評価の信頼性をめぐり、法廷で科学論争が続いている。生業訴訟をはじめ、いくつかの裁判で最高裁まで進んでいるが、東電や国は争う姿勢を崩していない。安倍政権が8年も続く間に判事人事を介して最高裁も政権寄りに変質したと指摘されており、地裁や高裁の勝訴が続くかどうかは予断を許さない。

本書の資料収集や取材にかかった費用は、認定NPO法人高木仁三郎市民科学基金、一般社団法人原発報道・検証室（Level7）、神奈川県の榎本さんから支援してもらった。Level7 設立時のクラウドファンディング（2018年）には、223人もの方にご協力いただいた。これらのご支援がなければ、何十回も裁判の傍聴を続け、情報開示で数万ページの文書を集め、現地に足を運ぶ取材は不可能だった。お礼申し上げたい。

第2章の記述の根拠となる文書について、ネットで公開できるものはLevel7のデータベースに掲載している。詳細に分析できていない文書も多いので、他の記者や研究者に見てもらって事故の解明が進むことを期待している。このデータベースの作成も高木基金の助成による。

事故の報道に関心が薄れる中、本書の出版を助けていただいた平凡社の岸本洋和さんにも感謝する。おかげで教訓を次世代に残すことができたと思う。

2021年2月

添田孝史

主な参考文献

石橋克彦「原発震災 破滅を避けるために」『科学』1997年10月号
泊次郎『日本の地震予知研究130年史』東京大学出版会、2015年
国会事故調『東京電力福島原子力発電所事故調査委員会調査報告書』2012年7月
政府事故調『東京電力福島原子力発電所における事故調査・検証委員会 中間報告』2011年12月
『同 最終報告』2012年7月
『同 ヒアリング記録』
福島原発事故独立検証委員会（民間事故調）『調査・検証報告書』2012年3月
東京電力『福島原子力事故調査報告書』2012年6月
福島県危機管理部『福島第一原子力発電所事故に伴う福島県の放射線モニタリング活動の記録――県の初動対応から現在のモニタリング体制確立まで』2020年
日本原子力学会東京電力福島第一原子力発電所事故に関する調査委員会『福島第一原子力発電所事故 その全貌と明日に向けた提言――学会事故調 最終報告書』丸善出版、2014年
日本原子力学会福島第一原子力発電所廃炉検討委員会「国際標準からみた廃棄物管理――廃棄物検討分科会中間報告」2020年7月
吉田千亜『孤塁 双葉郡消防士たちの3・11』岩波書店、2020年

study2007『見捨てられた初期被曝』岩波書店、2015年
榊原崇仁「ICRPが頼る政府事故調報告書の『罠』――初期被ばくを見捨てさせるミスリード」『科学』2019年11月号
倉澤治雄「『原発爆発』映像が呼び覚ます『3・11』の実相」Bee Media、2019年2月 https://bee-media.co.jp/archives/2801/
朝日新聞社「原発とメディア」取材班『原発とメディア2』朝日新聞出版、2013年
福島民報社編集局『福島と原発』早稲田大学出版部、2013年
デイビッド・ロックバウム他著、水田賢政訳『実録FUKUSHIMA』岩波書店、2015年
木野龍逸『検証 福島原発事故・記者会見2――「収束」の虚妄』岩波書店、2013年
環境省・除染事業誌編集委員会『東京電力福島第一原子力発電所事故により放出された放射性物質汚染の除染事業誌』2018年3月
東京電力HD・新潟県合同検証委員会「検証結果報告書」2018年5月
奥山俊宏「震災4日前の水抜き予定が遅れて燃料救う 福島第一原発4号機燃料プール隣の原子炉ウェル」法と経済のジャーナル Asahi Judiciary 2012年3月8日
菅直人『東電福島原発事故　総理大臣として考えたこと』幻冬舎新書、2012年
日本学術会議 報告「我が国の原子力発電所の津波対策――東京電力福島第一原子力発電所事故前の津波対応から得られた課題」2019年5月
島崎邦彦「葬られた津波対策をたどって」『科学』2019年1月号―2020年6月号
NHKクローズアップ現代+「東電刑事裁判 見えてきた新事実」2019年9月19日放送 https://www.

nhk.or.jp/gendai/articles/4330/index.html/
吉岡斉「政府の事故調査・検証委員会とは何であったか」『科学・社会・人間』２０１２年９月号
通商産業省公益事業局『原子力発電 その必要性と安全性』日本原子力文化振興財団、１９７０年
安全なエネルギー供給に関する倫理委員会（吉田文和、ミランダ・シュラーズ編訳）『ドイツ脱原発倫理委員会報告』大月書店、２０１３年
上岡直見『原発避難はできるか』緑風出版、２０２０年
自然エネルギー財団「競争力を失う原子力発電 世界各国で自然エネルギーが優位に」２０１９年１月
田中俊一「日本の原発はこのまま『消滅』へ」『選択』２０１９年11月号
「生業を返せ、地域を返せ！」福島原発訴訟（生業訴訟）仙台高裁判決文 ２０２０年９月 http://www.nariwaisoshou.jp/progress/2020year/entry-846.html/
東電元幹部の刑事裁判 東京地裁判決文 ２０１９年９月 https://shien-dan.org/decision-full-text/
同刑事裁判の指定弁護士による控訴趣意書 ２０２０年９月 https://shien-dan.org/statement-of-reasons-for-appeal-20200915/
ニュースサイト Level7 東電刑事裁判傍聴記 https://level7online.jp/
東電株主代表訴訟（東京地裁、平成24年（ワ）第６２７４号損害賠償請求事件）に採用された東電元幹部らの刑事裁判の証拠類

【著者】
添田孝史（そえだ たかし）
科学ジャーナリスト。1964年生まれ。大阪大学大学院基礎工学研究科修士課程修了。90年朝日新聞社入社。大津支局、学研都市支局を経て、大阪本社科学部、東京本社科学部などで科学・医療分野を担当。原発と地震についての取材を続ける。2011年5月に退社しフリーに。東電福島原発事故の国会事故調査委員会で協力調査員として津波分野の調査を担当。著書に『原発と大津波 警告を葬った人々』『東電原発裁判』（ともに岩波新書）などがある。

平 凡 社 新 書 966

東電原発事故 10年で明らかになったこと

発行日———2021年2月15日　初版第1刷

著者————添田孝史

発行者———下中美都

発行所———株式会社平凡社
東京都千代田区神田神保町3-29　〒101-0051
電話　東京（03）3230-6580［編集］
東京（03）3230-6573［営業］
振替　00180-0-29639

印刷・製本—図書印刷株式会社

装幀————菊地信義

ISBN978-4-582-85966-9
NDC分類番号543.5　新書判（17.2cm）　総ページ232
平凡社ホームページ　https://www.heibonsha.co.jp/